Victor Dubrovsky

Statki o małej powierzchni przekroju wodnicowego:

Victor Dubrovsky

Statki o małej powierzchni przekroju wodnicowego:

trawienie, porównywanie przesączania, niektóre badania

Wydawnictwo Bezkresy Wiedzy

Imprint

Cover image: www.ingimage.com

This book is a translation from the original published under ISBN 978-3-659-83691-6.

Publisher:
Wydawnictwo Bezkresy Wiedzy
is a trademark of
Dodo Books Indian Ocean Ltd., member of the OmniScriptum S.R.L Publishing group
str. A.Russo 15, of. 61, Chisinau-2068, Republic of Moldova Europe
Printed at: see last page
ISBN: 978-620-2-44610-5

Spis treści

MAŁE STATKI O POWIERZCHNI WODNOSAMOLOTU: TRAWIENIE, PORÓWNANIE PRZESIĄKANIA, KILKA PRZYKŁADÓW.

Victor A. Dubrovsky.

Synopsis

Główne cechy techniczne statków o małym obszarze wodolotu są opisane i wyjaśnione w następujący sposób: - korelacje wymiarowe, powierzchnia pokładu, stabilność w stanie nienaruszonym i uszkodzonym, osiągi, zdatność do żeglugi, możliwość kontroli, wytrzymałość i masa konstrukcji. Pokazano również nowo zaproponowany algorytm projektowania.
Specjalną metodą kompleksowego porównywania zdolności żeglugowej jest szczegółowy opis połączenia wszystkich informacji morskich do jednej wartości i wykazanie zalet statków SWA.
Przedstawiono również niektóre przykłady nowo zaproponowanych statków SWA.

Wprowadzenie.

Obecnie istnieją dwie klasy obiektów pływających o małej powierzchni wodolotu (obiekty SWA): półzanurzalne platformy i odpowiadające im statki.
Rysunek .1 przedstawia szkic zewnętrznego widoku półzanurzalnego kadłuba podwójnego; takie konstrukcje są wykorzystywane jako platformy wiertnicze lub pomocnicze od początku lat 50.
Opcja robocza urządzenia odpowiada położeniu linii wodnej na około połowie wysokości rozpórki. Opcja transportowa odpowiada zanurzeniu do pokładu pontonów pływających.

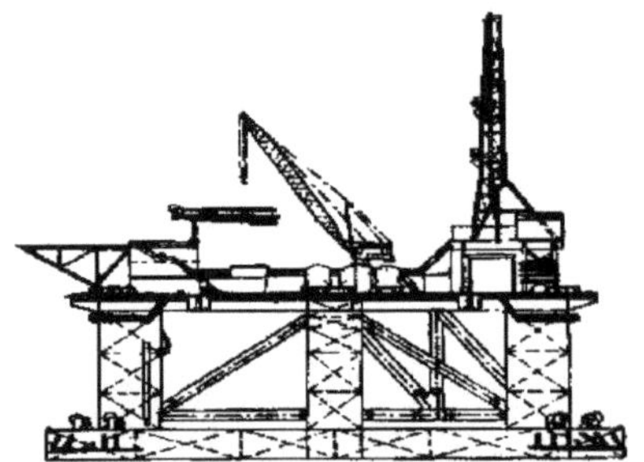

Rys. 1. Podwójnokadłubowa półzanurzalna platforma.

Od początku zastosowania zbudowano ponad 300 półzanurzalnych łodzi podwodnych. Takie konstrukcje mogą zapewnić stałą eksploatację na morzu przy praktycznie nieograniczonych warunkach falowych i wiatrowych.

Rys. 2 przedstawia statek dwukadłubowy o małej powierzchni wodolotu (statek SWA).

Rys. 2. Statek Science SWA, USA.

Badania, projektowanie i budowa statków SWA rozpoczęły się w wieku 60 lat; dziś jest ich ponad 70, głównie o małej wyporności, najczęściej wykorzystywanych jako eksperymentalne.

1. Digest of characteristics.

Specyfika statków SWA wynika z rys. 2: objętość wyporności zmniejsza się w pobliżu projektowej linii wodnej, a objętość zwiększa się w głęboko podwodnych częściach kadłubów. Dziś konstrukcje, które przecinają wolną powierzchnię wody, nazywane są "rozpórkami" dla statków SWA i "kolumnami" dla platform. Objętości przemieszczane pod wodą nazywane są "pontonami", "objętościami podwodnymi", "kadłubami podwodnymi", itp.
Od 1978 r. autor wykorzystuje zdefiniowany obraz kadłuba statku SWA: kadłub składa się z podwodnej objętości nazywany jest "gondolą" (z terminologii lotniczej), a także jednym lub dwoma rozpórkami. Te same terminy są używane poniżej.
W celu zdefiniowania względnego rozmieszczenia kadłubów względem siebie i względem wolnej powierzchni stosuje się następującą terminologię: - prześwit poprzeczny to odległość między środkowymi płaszczyznami kadłubów bocznych; - prześwit wzdłużny to odległość między środkami kadłubów lub dziobów prostopadłych; - prześwit pionowy to odległość między pokładem mokrym (dnem konstrukcji, które łączy kadłuby) a projektem.
Względna niewielka powierzchnia wodolotu wpływa na wszystkie właściwości techniczne statku SWA. Poza tym, wszystkie statki SWA, jak i wszystkie wielokadłubowe, mają relatywnie większą powierzchnię pokładu w porównaniu z jednokadłubowymi. Oznacza to, że jak wszystkie wielokadłubowe statki SWA są najbardziej efektywne w transporcie relatywnie lekkich ładunków, które wymagają odpowiednio dużej powierzchni pokładów lub wewnętrznej objętości konstrukcji kadłuba nad powierzchnią wody. Zwykle takimi "nośnikami pojemności" są statki pasażerskie, promy, statki naukowe i widokowe, nośniki wystarczająco lekkich kontenerów, oraz statki bojowe, po pierwsze - z systemami broni powietrznej.
Jest to powód zaproponowanego specjalnego algorytmu projektowania statków SWA: z wymaganą powierzchnią pokładu jako jedną z głównych danych wyjściowych, patrz poniżej.

1.1.1.Rodzaje statków SWA i możliwie największe korelacje pomiędzy głównymi wymiarami.

Specyfika objętości wyporności zdefiniowała wszystkie charakterystyki statków SWA, w tym korelacje wymiarowe [1], [2], [3].
Widoczna potrzeba płynnego przepływu określa kształty gondoli: półeliptyczny dziób i stożkowa rufowa z cylindrem pomiędzy nimi. W rezultacie współczynnik bloku gondoli zależy od wydłużenia gondoli L/D, tutaj L-długość, D- średnica.
Zmniejszona powierzchnia płaszczyzny wodnej określa wystarczająco dużą odległość poprzeczną pomiędzy kadłubami, aby zapewnić wymaganą stabilność poprzeczną.
Te i inne specyficzne cechy korelacji wymiarowych definiują specjalne główne wymiary statków SWA, patrz poniżej.
Dziś niektóre typy statków SWA były badane w mniejszym lub większym stopniu, patrz rys. 3.

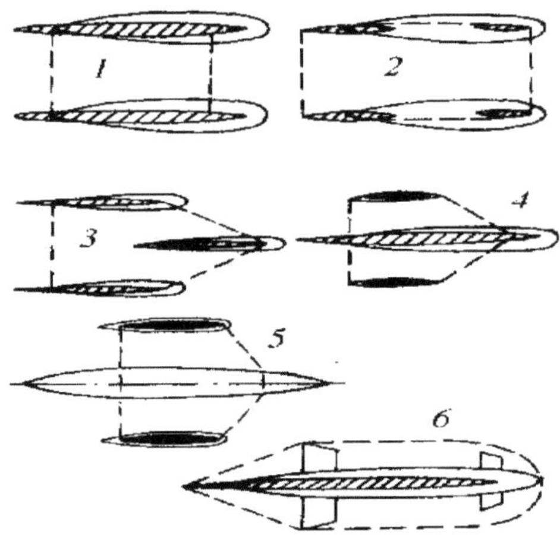

Rys. 3. Rodzaje statków SWA: 1 - duplus; 2 - trisec; 3 - tricore; 4 - statek SWA z wysięgnikami; 5 - opcja S.Rudenko (tradycyjny kadłub główny + wysięgniki SWA); 6 - foliowany kadłub jednokadłubowy SWA.

Należy zauważyć, że przedstawiona terminologia, zaproponowana przez autora w 1978 r. [4], nie jest powszechnie akceptowana. Na przykład w Japonii wszystkie statki dwukadłubowe nazywane są "katamaranami". Wydaje się jednak, że bardziej szczegółowa terminologia jest bardziej przydatna do szczegółowego opisu charakterystyki statku.
Podwójnokadłubowy statek SWA z jednym długim rozpórkiem na każdej gondoli został zbudowany w Holandii i nazwany "Duplus". Nazwa własna została zaproponowana jako nazwa typu.
Termin "trisec" został zaproponowany przez amerykańskich budowniczych pierwszego statku

SWA tego typu.
Poza tym, wszystkie trójokadłubowe statki, o różnych wymiarach kadłubów, w publikacjach w języku angielskim określane są jako "trimarany". Jednak proponowana bardziej szczegółowa terminologia wydaje się lepsza w przypadku bardziej szczegółowych opisów różnych charakterystyk statków.
Każdy typ statków SWA ma pewne wspólne i specyficzne cechy charakterystyczne. Każda specyfika może być użyteczna, nieprzydatna lub neutralna w przypadku zastosowania badanego statku. Jako podstawę porównania wykorzystuje się charakterystykę jednokadłubowego kadłuba o tej samej wyporności.
Należy zwrócić szczególną uwagę na fakt, że każdy statek SWA może być zaprojektowany w taki sposób, aby można go było umieścić na szczycie gondoli w celu uzyskania pełnej wyporności. Oznacza to wystarczające ograniczenie zanurzenia dla portów i mórz płytkowodnych. W tym przypadku, dla lepszej zdatności do żeglugi na falach, statek SWA musi być balastowany wodą o objętości około połowy wewnętrznej objętości rozpórek, tj. nie tak dużej objętości w porównaniu z statkami o tradycyjnym kształcie kadłuba.
Tak więc wystarczający wpływ niezbyt dużej objętości balastu na nastawienie statku SWA jest zauważalną niedogodnością takiej eksploatacji statku. Na przykład, nawet proste wyposażenie w paliwo w procesie żeglowania może prowadzić do niedopuszczalnej zmiany zanurzenia i trymu - jeśli system kompensacji nie został wcześniej zaprojektowany. Na przykład, pierwszy na świecie prom pasażerski, który został zbudowany w Japonii, posiadał specjalny automatycznie sterowany system ponownego balastowania.

Statki SWA mogą mieć różne kształty każdego kadłuba, a nawet różne kształty kadłubów dowolnych statków SWA. Niektóre główne ramy kadłuba pokazano na rys. 4.

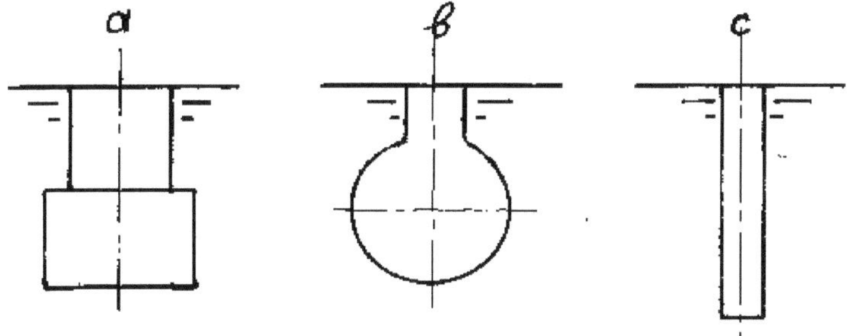

Rys. 4. Niektóre kształty kadłubów statków SWA:1 - uproszczony kształt dla statków wolnoobrotowych; 2 - gładki kształt samobieżnych statków SWA; 3 - specjalny kształt.

Kształt "a" jest stosowany np. na różnych platformach półzanurzonych oraz na holowanych lub wolnoobrotowych statkach SWA, jako kładzenie kabli lub pływające hotele. Zazwyczaj takie statki mają na każdym kadłubie osobne podpory; podpory te mogą mieć kształt koła lub prostokąta z poziomymi nacięciami.

Opcja "b" przedstawia klasyczny kształt ram statków SWA, większość budowanych statków SWA posiada takie ramy. Zaletą takiego kształtu jest minimalna powierzchnia względna zwilżona, minimalna waga części okrągłej dla tych samych innych warunków oraz najprostsza technologia budowy części dolnej.

Opcja "c" została zastosowana np. dla zapewnienia minimalnego ruchu w laboratorium naukowym: była to wodoszczelna rura o dużej średnicy, którą holowano do miejsca pracy w pozycji poziomej, a następnie odwrócono do pozycji pionowej balastem wodnym w dolnym końcu. Innym zastosowaniem takiego kształtu może być naczynie przekształcalne zgodnie z certyfikatem intencji ZSRR nr 829476 z 25.06.1979 r., rys. 5.

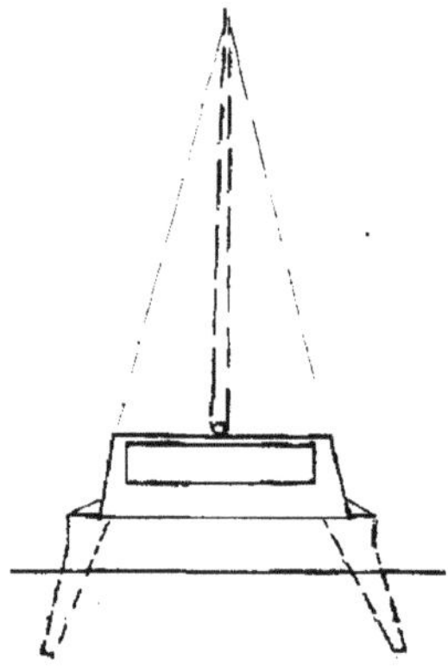

Rys. 5. Przykład specyficznego kształtu kadłuba.

Zazwyczaj deski rozporowe są nachylone w częściach pod wodą i nad wodą lub nad wodą. Stopień nachylenia wpływa na wszystkie rodzaje ruchów.

Opcja "b" kształtu ramy ma również pewne wady, na przykład, na tyle duży ogólny ciąg dla potrzebnego przemieszczenia i wystarczająco małe tłumienie ruchów. Rys. 6 zawiera alternatywne kształty ram dla statków SWA z własnym napędem.

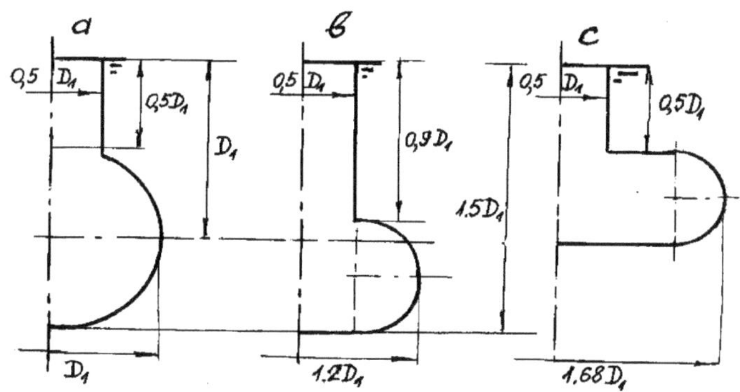

Rys. 6. Niektóre opcje kształtów ram statków SWA z własnym napędem:

a - początkowa rama okręgu gondoli; b - to samo przemieszczenie i ciąg; c - to samo przemieszczenie i ciąg 2/3.

Korelacje powierzchni przekroju i odpowiadającego jej obwodu pokazano w tabeli 1.

Tabela 1.

Właściwości względne ramek Rys. 6.

Opcja	a	b	c
Względny projekt graficzny, di	1.5*D1	1.5*D1	D1
Powierzchnia ramy	1.035*D12	1.035*D12	1.035*D12
Obwód sekcji	3.64*D1	4.18*D1	4.43*D1
Obwód względny	3.58	4.11	4.35
Względny wzrost obwodu, %.	0	14.8	21.6
Względna wysokość środka ramy	0,45*da	0,37*db	0,53*dc

Wydaje się oczywiste, że ogólny projektowany spadek na poziomie 35 % prowadzi do wzrostu obwodu (i powierzchni podmokłej) o około 22 %. Najwyraźniej przesunięcie części powierzchni ramy na dół, opcja "b", prowadzi do zmniejszenia wysokości środka powierzchni. A najbardziej szeroka opcja, "c", ma większe tłumienie wszystkich rodzajów ruchu.

Gondola o dowolnym kształcie ramy może mieć pewne profilowanie wzdłużne, na przykład, Rys. 7: kształt jest optymalny dla wystarczająco małej liczby Froude'a.

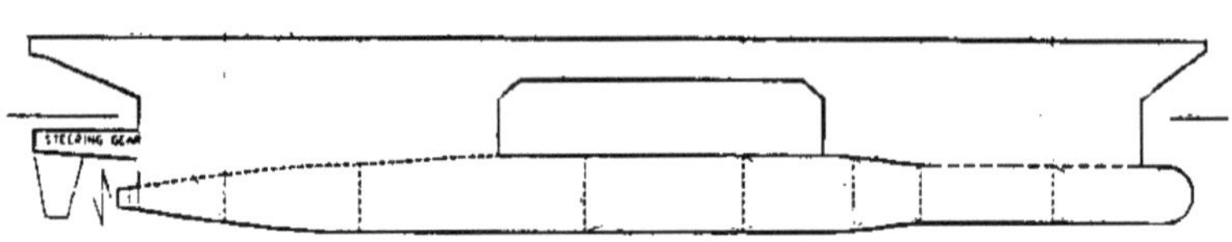

Rys. 7. Przykład gondoli profilowanej wzdłużnej [5].

Pozostałe profilowane gondole zostały zaproponowane dla większych liczb Froude'a.

Niektórzy pierwsi projektanci statków SWA zastosowali bardzo krótkie, a nawet blefowe nadwozia jako gondole okrętowe SWA. Wydaje się jednak, że należy przypomnieć o oczywistej rzeczy: każdy samobieżny kadłub statku musi mieć gładkie linie, niezależnie od typu statku. Nawet holowany statek dowolnego typu będzie miał lepsze właściwości eksploatacyjne, jeśli kształt kadłuba pozwoli uniknąć rozdzielenia przepływu.

Bardziej szczegółowe porównanie kształtu kadłuba kadłuba "przebijającego fale" i kadłuba SWA może być przydatne dla czytelnika. Porównanie przedstawia rys. 8.

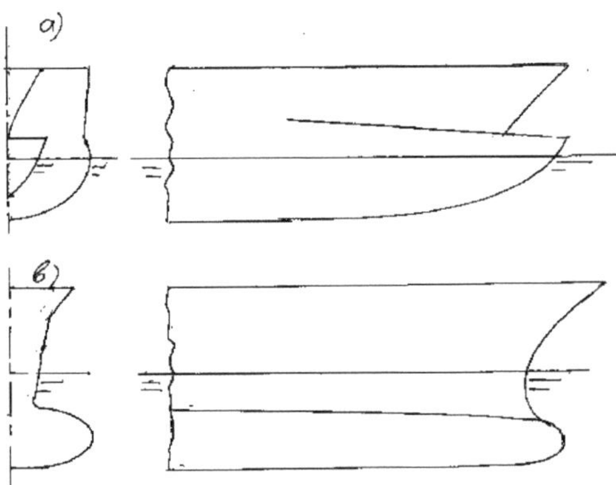

Rys. 8. Porównanie kształtu łuku: a - łuk "przebijający fale"; b - łuk kadłuba o małej powierzchni wodolotu.

Widać, że najcieńsza część dziobu "przebijającego fale" znajduje się wyżej, niż projektowana płaszczyzna wodna. Wręcz przeciwnie, większość cienkiej części ramy dziobowej SWA umieszczana jest na konstrukcyjnej płaszczyźnie wodnej lub pod nią. Tak na marginesie, była propozycja rozwoju przeszywającego fale kadłuba: część balastu wodnego może być przenoszona na duże fale - w celu przekształcenia go w kadłub SWA.

Kluczową cechą charakterystyczną specyfiki jest wykorzystanie belki do zdefiniowania współczynnika pełności. Możliwe opcje prezentacji współczynnika przedstawione są w tabeli 2.

Tabela 2.

Przykłady współczynników pełności.

Używana wartość belki	Płaszczyzna wodna - belka (Strut)	Belka gondoli	Belka całkowita	Oddzielne belki rozpórki i gondoli.
Przykład współczynnika średniego, opcja "a" na rys. 6.	1.38	0.69	Bardzo niewygodne, pełnia zależy od prześwitu krzyżowego....	1 / 0.785 (Strut/gondola)
To samo, opcja "b"	1.38	0.575	-	1 / 0.813
To samo, opcja "c".	2.07	0.616	-	1/0.935

Współczynnik bloku ma takie same wartości - w zależności od zastosowanej wartości belki. Niż tylko druga opcja współczynników pełności, względna belka gondoli, odpowiada zwykłej formie o takich samych właściwościach konwencjonalnych kadłubów. A wszelkie wartości współczynników pełności kadłubów SWA muszą być określone przez użytą wartość belki. Jeśli nie jest potrzebna wystarczająco duża powierzchnia górnego pokładu, opcja statku SWA może zawierać wystarczająco dużą podwodną gondolę i bardzo mały rozpórkę z nadbudówką, Rys. 9.

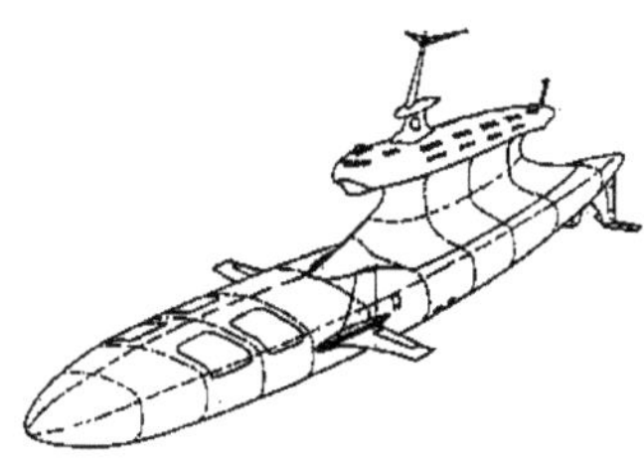

Rys. 9. Przykład statku SWA z minimalnym pokładem górnym [6].

Przy dostatecznie dużej prędkości, dynamiczne podejście, które zapewnia, że mogą być osiągnięte przez widoczne folie-stabilizatory.

Niektóre opcje rozpórek statków SWA przedstawiono na Rys. 10.

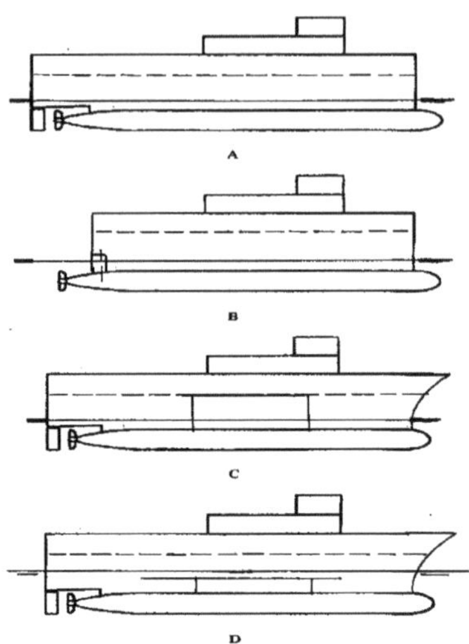

Rys. 10. Kilka przykładów rozpórek statków SWA; A - opcja największego rozpiętości, duplus; B - rozpórka krótsza, duplus; C - dwa rozpórki krótkie, trisec; D - rozpórki długie z otworem, zgodnie z certyfikatem wynalazku ZSRR # 114490.

Najszersza opcja A jest najwygodniejsza z ogólnego punktu widzenia aranżacji, z bocznego punktu widzenia struktury i zapewnia lepsze warunki do pionowej pracy steru.

Krótka opcja dwupunktowego rozpórki B mają mniejszą powierzchnię zwilżoną, ale takie umieszczenie sterów oznacza ich gorsze właściwości, ponieważ stery są umieszczone poza przepływem śmigła.

Dwa rozpórki na każdej gondolach, C, trisec, oznaczają najmniejszą możliwą powierzchnię wodoszczelności, ale konstrukcje rozpórek pracują w bardzo trudnych warunkach.

Opcja kombinowana, D, może być zastosowana dla wystarczająco dużego ciągu projektowego i zapewnia mniejszą powierzchnię zwilżoną w porównaniu ze zwykłymi rozpórkami duplus, ale mniej więcej taki sam współczynnik oporu resztkowego.

Poza tym, niektóre "hybrydowe" kształty mogą być używane do żeglowania i pracy w lodzie. W tym przypadku istnieje problem obrony przed lodem i zmiany kursu w lodzie. Poza tym, istnieje opatentowane rozwiązanie łagodzenia ruchu holowanych statków SWA jako platform wiertniczych [7]. Roztwór zawiera dodatkową objętość cylindryczną lub stożkową na każdym rozpórce okrągłej ramy. Objętość może być umieszczona nad płaszczyzną wodną, a różnica prędkości fal pionowych pomiędzy górną i dolną płytką zapewnia dodatkowe tłumienie ruchów. Jeśli taka dodana stożkowa objętość będzie miała końce w kształcie dziobu, Rys. 11, objętość może być używana nie tylko jako tłumik ruchu, ale również jako niszczyciel lodu (przez wymuszone drgania pionowe, prawa część rysunku).

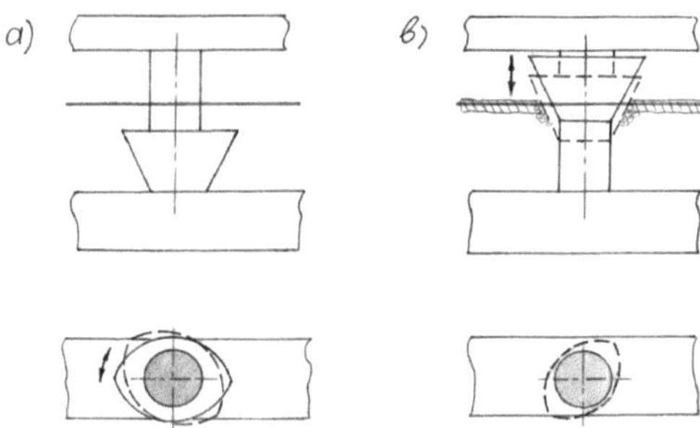

Rys. 11. Specjalne urządzenie do wolnoobrotowych statków SWA przepływających z prędkością lodu: a - do tłumienia ruchu; b - do niszczenia lodu.

Oprócz tego, dodatkowy obrót objętości względem osi pionowej pozwala na zmniejszenie obciążeń lodem na rozpórkach i na prostszą zmianę kursu takiego statku SWA w lodzie.

Rys. 11 Model z rotacyjnie dodawanymi ilościami na rozpórkach o przekroju okrągłym (Certyfikat Intencyjny ZSRR, nr 215839, z dnia 28 kwietnia 1984 r.).

Minimalny wymagany współczynnik rozszerzalności dodanych objętości został zdefiniowany w celu uniknięcia wystarczającego oddzielenia przepływu i odpowiadającego mu wzrostu oporu holowniczego.

Czasami wolnoobrotowy statek wypornościowy z tradycyjnym kadłubem głównym może posiadać podpory SWA, rys. 12.

Rys. 12. Statek o małej prędkości z wysięgnikami SWA [Anon., 2001].

Niektóre specyficzne kształty mogą być stosowane do osiągania większych prędkości. Na przykład, Rys. 13.

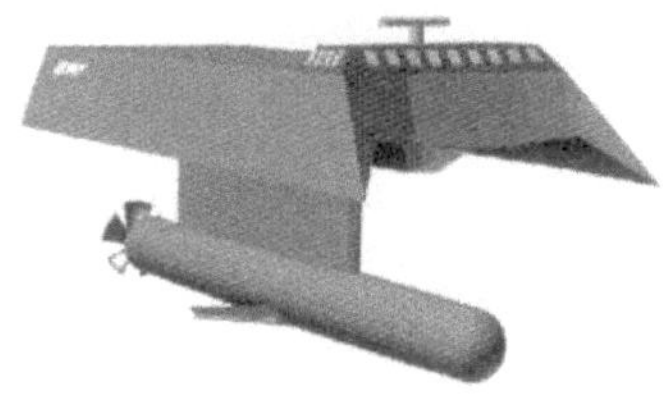

Rys. 13. Przykład hybrydowego, szybkiego statku: "outrigger SWA+foils" [8] .

Ideą jednostki pływającej jest zmniejszenie prędkości zanurzeniowej przy pomocy folii poprzez zmniejszenie własnego oporu holowniczego wysięgników, a także zapewnienie stabilności krzyżowej przy pomocy folii. Wydaje się oczywiste, że spadek oporu jest ograniczony przez zanurzenie w gondoli, ponieważ zbyt małe zanurzenie oznacza wystarczający wzrost generowanego przez fale oporu gondoli.

Wydaje się, że szybki statek z folią "tłustą" nie może być włączony do "rodziny" statku SWA, Rys.14.

Rys. 14. Szybki zbiornik o pojemności w kształcie folii pod wodą [9].

Inna metoda łączenia kadłuba i folii SWA została zaproponowana jako gondola podwodna i dwie pary folii pochylonych, które przecinają powierzchnię wody, Rys. 15.

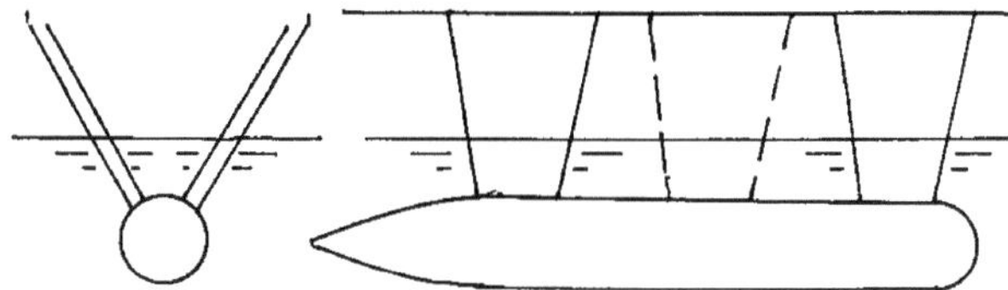

Rys. 15. Możliwość zastosowania rozpórek, po cztery lub trzy na każdej gondoli.

Krótkie podpory nachylone mogą być umieszczone przez dwie pary na końcach gondoli lub trzy podpory mogą być rozłożone według długości gondoli (Certyfikat Intencyjny ZSRR, nr 1383267 z 22 lutego 1979 r.). Wydaje się oczywiste, że pochylone rozpórki nie są wygodne dla dostępu załogi i ładowania silnika lub sprzętu do gondoli. Każdy załadunek silników lub sprzętu jest możliwy tylko w doku. Taki schemat rozpórek jest wystarczająco wygodny, jeśli główne silniki są rozmieszczone w platformie nad wodą, ponieważ dostęp dla załogi może być zapewniony poprzez wystarczająco cienkie i nachylone rozpórki. Ale taki schemat rozpórek jest najbardziej efektywny z punktu widzenia ciężaru konstrukcji, ze względu na efekt struktury przestrzennej. Poza tym, jeden kadłub statku SWA jest możliwy, jeśli zastosowane są pary pochylonych rozpórek, ponieważ początkową stabilność poprzeczną zapewniają płaszczyzny wodne rozpórek. Ponadto nachylone podpory mogą zapewnić dodatkowe podnoszenie hydrodynamiczne przy odpowiednio dużych prędkościach.

Dla wszystkich pokazanych kombinacji gondoli SWA z foliami lub foliami wspornikowymi, ciąg o zerowej prędkości odpowiada większej odległości bocznej pomiędzy płaszczyznami wodnymi folii, w celu zapewnienia początkowej stabilności bocznej i wzdłużnej. Przy dużej prędkości, przeciąg spada, a obie wartości stabilności są zapewnione przez kontrolę podnoszenia folii.

Inna nowa metoda zwiększenia prędkości statku SWA została zaproponowana przez autora. Najbardziej osiągalne prędkości statków SWA wymagają zasadniczo nowego kształtu kadłubów SWA. Taki kształt musi mieć cienki łuk i wystarczająco płaską rufę gondoli - aby osiągnąć "półszybkowaty" reżim prędkości.

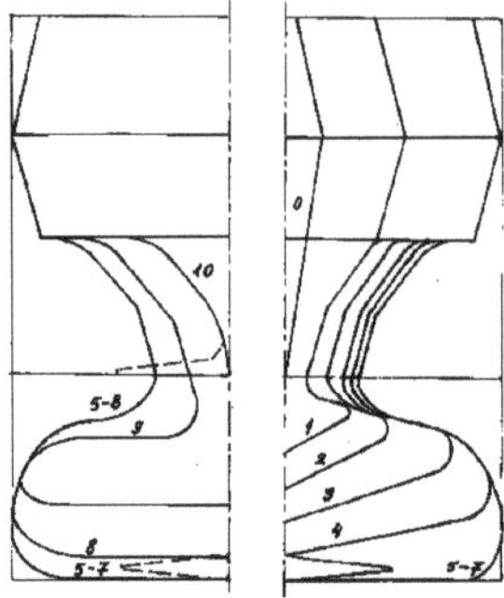

Rys. 16. Schemat geometrii kadłuba SWA "półskrzydłowego" (pokazano dwa alternatywne położenia folii rufowych).

Jak każda płaska gondola, rozpórka tego kształtu może być przesunięta w celu uzyskania największego prześwitu bocznego (boczna odległość pomiędzy rozpórkami) dla uzyskania stałej belki całkowitej.

Należy pamiętać, że wszelkie płaskie części gondoli, stodoły i/lub łuki, zapewniają większe tłumienie wszelkiego rodzaju ruchów w porównaniu z okrągłą ramą gondoli. Ale oczywiście, jakakolwiek płaska część gondoli oznacza nawet większy, niż zwykle, relatywnie zwilżony obszar (i obszar powierzchni gondoli). Opcja takiego kształtu kadłuba może być stosowana przy większych prędkościach poprzez większy rozładunek za pomocą folii, Rys.17.

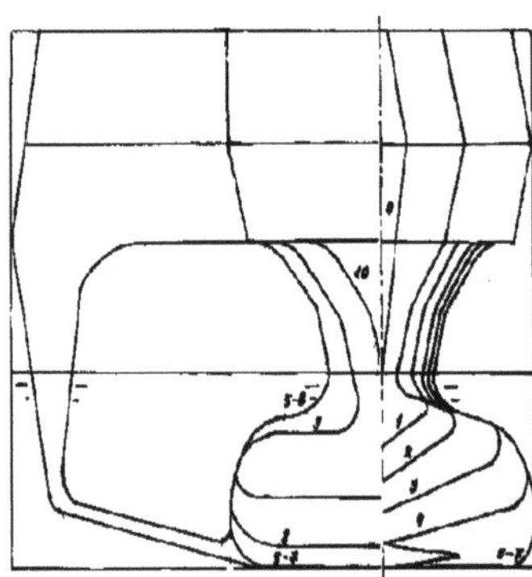

Rys.17. Jednokadłubowy kadłub "półszybowcowy" SWA z wysokim wyładowywaniem przez folie.

Jeżeli folie zapewniają do 35-40 % wyporności konstrukcji, kształt może zapewnić względną prędkość (liczba Froude'a przez wyporność kadłuba) do 3,2 - 3,3.

Niektóre dane statystyczne dotyczące zbudowanych i zaprojektowanych statków SWA [3] zostały zaczerpnięte z różnych publikacji. Dane statystyczne dotyczące całkowitej długości statku SWA z dwoma kadłubami są porównywane i przybliżone na rys. 18. Małe statki mają węższy zakres zmienności długości całkowitej w stosunku do wyporności, a większe statki mają znacznie szerszy zakres zmienności długości ze względu na zwykłe ograniczenie głębokości wody.

Względne długości tych dwukadłubowych statków SWA w stosunku do wyporności pokazano na Rys. 19, gdzie porównano je z przybliżonymi danymi dla kadłubów jednokadłubowych. Widać, że SWATH może mieć bardzo różne długości względne, tzn. obecnie cecha ta nie jest sztywna dla statków SWA.

Dane dotyczące długości względnej w stosunku do liczby Froude'a według długości kadłuba pokazano na Rys. 20, gdzie przybliżona linia 1 jest porównywana z danymi dotyczącymi długości kadłuba przy dużych prędkościach. Względna długość statków SWATH jest generalnie mniejsza niż w przypadku statków jednokadłubowych. Oznacza to również tendencję do zmniejszania względnej powierzchni zwilżonej i zmniejszania podłużnego momentu zginającego w falach głowy.

Rysunek 21 przedstawia porównanie długości względnych z prędkością bezwzględną statków. Względna długość bliźniaczych statków SWA jest porównywalna z tą samą charakterystyką szybkich kadłubów jednokadłubowych.

Bardzo ważny wymiar, czyli szkic projektu, pokazano na rys. 22 (z wyłączeniem danych dla szkicu większego niż 12 m). Linia 1 leży blisko krzywej dla badanych modeli kadłubów SWA z L/D=12. Pokazuje to również, że dzisiejsze statki SWA realizują jedynie stosunkowo niewielki zakres możliwych właściwości kadłuba SWA.

Odległość pomiędzy projektowaną płaszczyzną wodną a pokładem mokrym jest kolejną ważną cechą charakterystyczną statków SWA (Rys. 23). Odległość pionowa zastosowana na zbudowanych i zaprojektowanych statkach SWA jest mniejsza niż powinna być dla pełnej realizacji korzyści z przesyłu SWA, co zostało szerzej omówione poniżej.

Obszar wodolotu jest jedną z głównych cech charakterystycznych wszystkich statków SWA. Niektóre dane statystyczne dotyczące małych SWATH przedstawiono na rys. 24. Względna powierzchnia przekroju wodnicowego, pokazana na Rys. 25, może być również przydatna w projektach wczesnych. Dane statystyczne wskazują, że względny obszar wodolotu jest bliski 1,0 dla statków SWA z dużymi przemieszczeniami. Wartość ta jest zalecana jako punkt początkowy dla zerowego zbliżenia statków SWA do wszelkich celów; na późniejszych etapach projektowania wartość ta musi być określona bardziej dokładnie na podstawie wstępnych warunków stateczności.

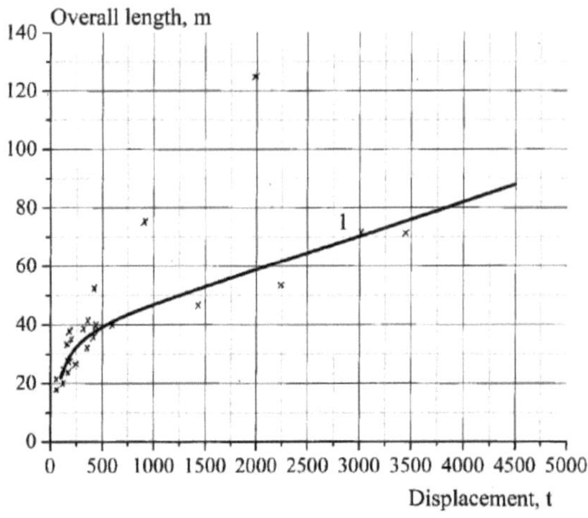

Rys. 18. Niektóre dane statystyczne dotyczące całkowitej długości statków SWA z podwójnym kadłubem. 1- przybliżenie.

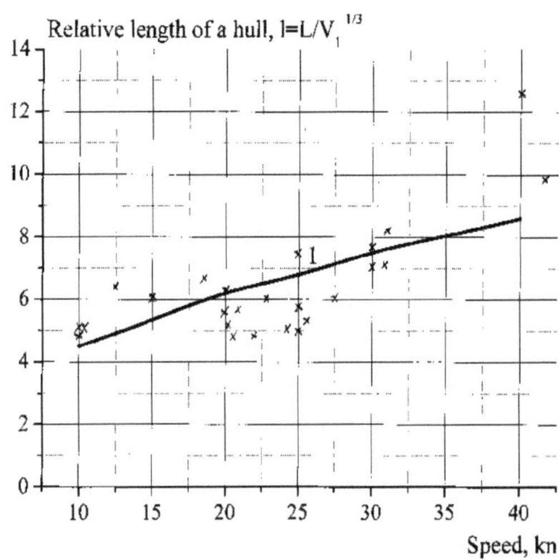

Rys. 19. Niektóre dane statystyczne o względnej długości. 1- przybliżona krzywa przybliżona dla szybkich kadłubów jednokadłubowych.

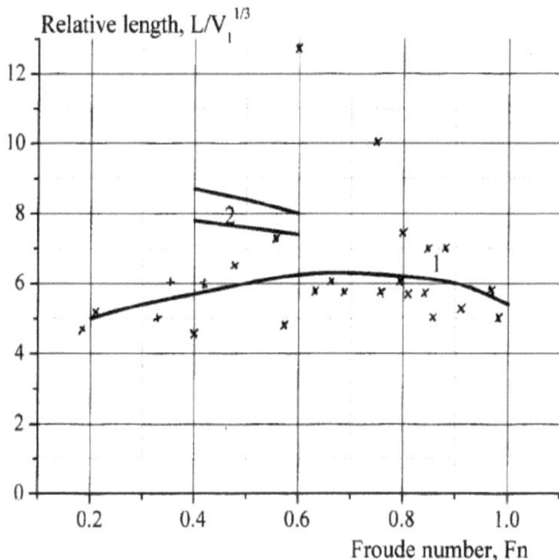

Rys. 20. Względna długość w stosunku do długości Liczba Froude'a. 1- krzywa aproksymacji dla SWATH; 2 - dane dla szybkich kadłubów jednokadłubowych.

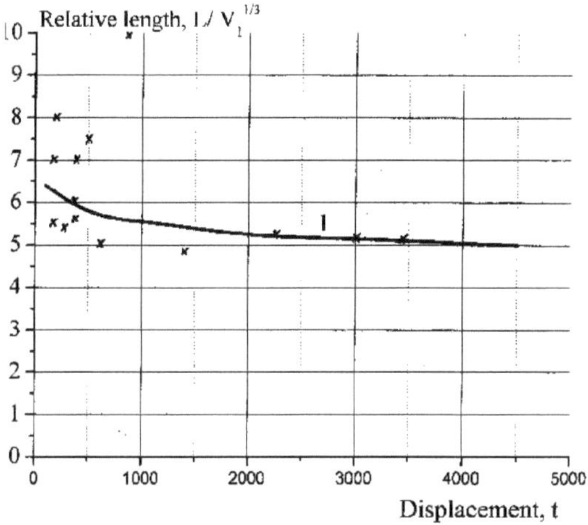

Rys. 21. Porównanie względnej długości kadłuba podwójnokadłubowego SWA z tą samą charakterystyką kadłubów jednokadłubowych (krzywa 1).

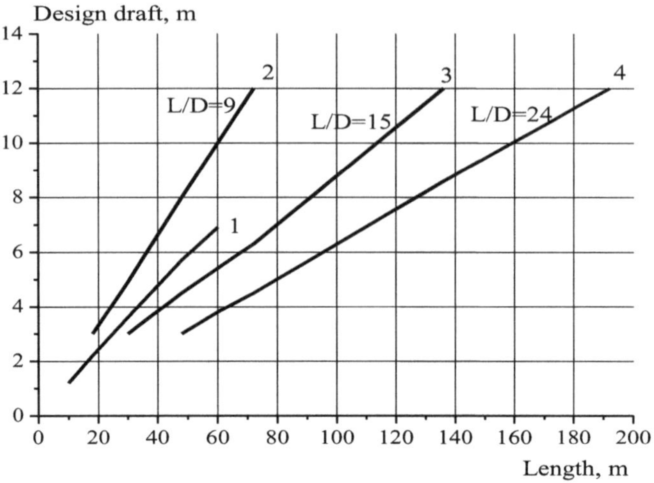

Rys. 22. Projekt SWATH w stosunku do długości kadłuba: 1 krzywa przybliżona z [10]; 2,3,4 dane testowanych modeli kadłuba SWA z różnymi względnymi wiązkami gondoli 9, 15, 24 przeliczone na pełną skalę [1].

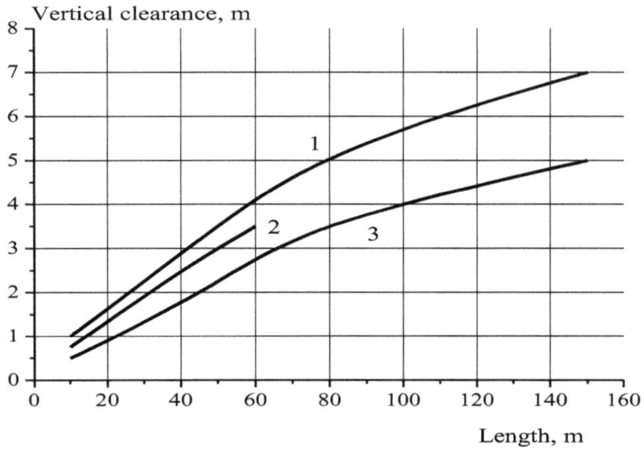

Rys. 23. Porównanie prześwitu pionowego: 1, 3 zalecane i minimalne wartości prześwitu pionowego [1]; 2 uśrednione dane z [10].

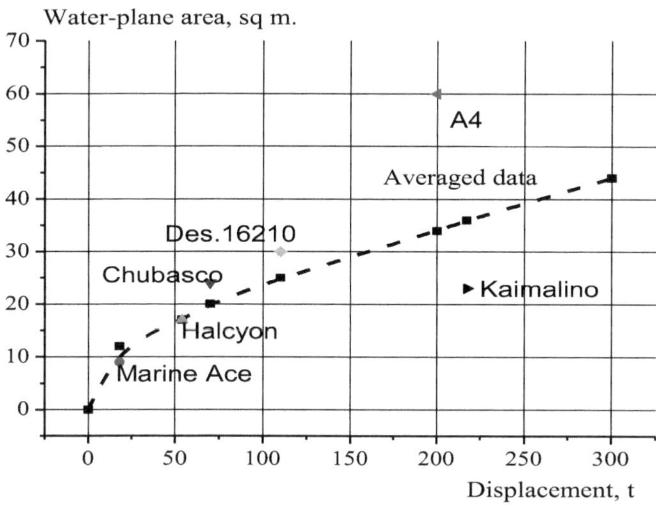

Rys. 24. Niektóre dane statystyczne dotyczące powierzchni wodolotu. (A4, wzór 16210 - projekty rosyjskiej firmy "Agat").

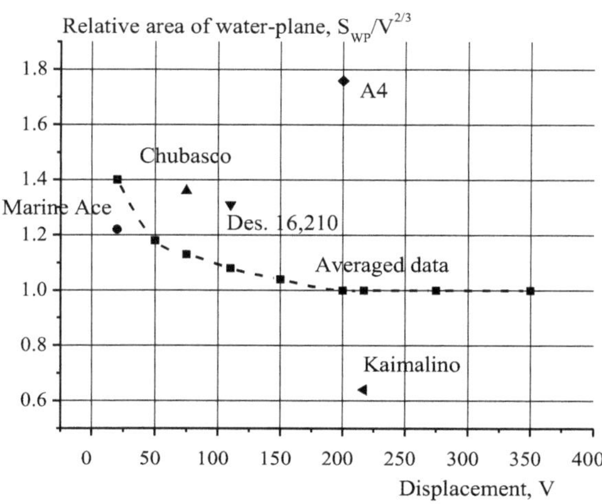

Rys. 25. Niektóre dane dotyczące względnej powierzchni wodolotu małych SWATH.

1.2. Pokład.

Jak zauważono wcześniej, potrzebna powierzchnia pokładów jest jedną z głównych cech charakterystycznych wszystkich wielokadłubowych kadłubów, w tym statków SWA. Względna powierzchnia pokładów opiera się na jak największej korelacji wymiarów różnych typów statków, [3]. Główne wyniki odpowiadających im porównań przedstawia tabela 1.

Tabela 1.

Względna powierzchnia górnego pokładu różnych typów statków.

Rodzaj statku.	Względna długość kadłuba.	Możliwe korelacje wymiarów.	Względna powierzchnia pokładu/
Szybkoobrotowy kadłub jednokadłubowy	lMON=L/V1/3	L/B=8; AD~0,8	**0.1*L2**
Duplus lub trisec	l1=0.8*lMON	LSW=0,64*L; BOA=(0,3÷0,5)*LSW; AD~1,0	(**0.19÷0.32**)*L2
Kadłub główny SWA + dwa wysięgniki	l1=0.8*lMON	LM=0,8*L; LM/BM=8; LA=(0,3÷0,4)*LM; BOA=(0.3÷0.4)*LM;	(**0.13÷0.16**)*L2
Tricore	l1=0.5*lMON	L1=0,35*L;AD ~ 0,75; LOA=1,6*L1; BOA=(0,6÷0,8)*L1;	(**0.25÷0.35**)*L2

Tutaj: L,V,B - długość, wyporność, szerokość podstawy jednokadłubowej, pełnia pokładu górnego AD; B1, BOA - jedna belka kadłuba i belka całkowita; LSW - długość wodolotu; LO - długość spustu; LM - długość kadłuba głównego; lMON, l1 - względna długość kadłuba pojedynczego i wielokadłubowego.

Wydaje się oczywiste, że statek SWA będzie miał mniej lub bardziej zwiększoną powierzchnię pokładów i wewnętrzną objętość przy tej samej liczbie pokładów. Dlatego też ładowność każdego kadłuba wielokadłubowego umieszczana jest zazwyczaj w konstrukcji nadwodnej, która łączy kadłuby.

1.2. Brak stabilności i nastawienie do uszkodzeń.

Stateczność wzdłużna statków SWA jest znacznie niższa niż porównywalnych jednokadłubowych. Oznacza to, że stabilność wzdłużna SWA musi być ograniczona zasadami projektowania. W odniesieniu do korelacji długości całkowitej i belki, wysokość metacentryczna wzdłużna musi być około dwukrotnie większa niż poprzeczna dla statków SWA z podwójnym kadłubem, a trzykrotnie większa - dla statków SWA z potrójnym kadłubem. Dla dokładniejszej

definicji, nienaruszona stateczność poprzeczna statków SWA została wybrana tak samo, jak w przypadku porównywalnego jednokadłubowego statku.
Przeciwnie, kadłuby wielokadłubowe o tradycyjnym kształcie (katamaran, trymaran) mają względną całkowitą wiązkę, co definiuje się potrzebą płynnego przepływu pomiędzy kadłubami; oznacza to znacznie większą stabilność wszystkich kadłubów o tradycyjnym kształcie kadłubów w porównaniu z kadłubami jednokadłubowymi i statkami SWA.
Jak wynika z tabeli 2, a mianowicie wymagana stateczność poprzeczna określa względną całkowitą wiązkę statków SWA.

Tabela 2.

Główne wymiary i nienaruszona stateczność różnych statków o wyporności 1000-t (wymiary skrajne - w nawiasach).

Rodzaj statku	Szybkoobrotowy kadłub jednokadłubowy	Cata-maran	Duplus	Trisec	Trimaran	Tricore	Tradycyjny kadłub główny + dwa wysięgniki	Kadłub główny SWA + dwa wysięgniki
Długość pojedynczego kadłuba, m	80	65, 80	47	47	50	40	95 (30)	65 (35)
Długość całkowita, m	80	65, 80	47	47	80	65	95	65
Singlt belka kadłuba, m	10	6, 4	5	5	5	3.5	7 (1)	7 (1.5)
Belka całkowita, m	10	18, 16	19	22	20	22	16	20
Powierzchnia wodolotu, m kw.	(640)	2 x310, 2x 250	2 x 65	2 x 45	(2) x 200	(2) x 50	2 x 30	2 x 45
Projekt, m	3	3	4	4	3	4	3 (2)	4 (2)
Wysokość środka objętości, m	2	2	2.5	2.5	2	2.5	2	2
Głębokość kadłuba, m	6	9	11.5	11.5	9	11.5	9	11.5
Wysokość środka	4	6	7	7	6	7	6	7

ciężkości masy, m								
Promienie metacentryczn e poprzeczne, m	4	37, 19	6.5	6.5	23	8.5	6.5	7
Poprzeczny metacentryczn y wysokość, m	2	33, 15	2	2	19	4	2.5	2
Wzdłużny metacentryczn y promienie., m	273	274, 218	22	11	303	156	325	32
Wzdłużny wysokość metacentryczn a, m	272	270, 214	17	6.5	302	151	321	27

* up to grodziowy pokład

Wydaje się oczywiste, że mniejsza stabilność poprzeczna oznacza trudniejsze zapewnienie wymaganej postawy uszkodzenia (przeciąg, pięta, trym): ta sama zalana objętość statku SWA oznacza większy obcas, trym w porównaniu z jednokadłubowym. Zazwyczaj jednak, ze względu na większą głębokość kadłubów SWA, wymagany pokład nadwodny statku SWA może być zapewniony wystarczająco prosto - jeśli pokład grodziowy jest górnym pokładem platformy nadwodnej - ze względu na większą głębokość kadłubów SWA.
Zmniejszenie stateczności poprzecznej statku SWA można zrekompensować większym nachyleniem desek rozporowych w pobliżu platformy nadwodnej, co zapewniło większą powierzchnię wykresu stateczności.
Ale główną okolicznością jest wodoszczelna objętość platformy nadwodnej; trym i pięta są mocno ograniczone po desce platformy lub po wyjściu na wodę. Również zalewanie objętości wewnętrznych jest ograniczone, ponieważ zazwyczaj wszystkie otwory w górnym pokładzie platformy są umieszczone w pobliżu płaszczyzny środkowej statku jako całości.
Zazwyczaj stabilność uszkodzeń statków SWA można w prosty sposób zapewnić dzięki wystarczającej wodoszczelnej objętości platformy nadwodnej.
Wypełnianie wewnętrznych objętości końcowych kadłubów SWA specjalnymi pływającymi, ogniotrwałymi blokami lub wystarczająco dużymi granulatami w workach siatkowych może być zalecane w celu zapewnienia wymaganego stopnia uszkodzenia statków SWA.
W odniesieniu do wysięgników, ich wymiary zazwyczaj nie są wystarczająco duże i są porównywalne z możliwymi wymiarami otworów przy uszkodzeniu. Oznacza to, że pełne zalanie podpór należy przypuszczać w momencie uszkodzenia - i widoczna jest utrata stabilności poprzecznej. Aby uniknąć takich wyników, podpory muszą być wypełnione również blokami zalewowymi. Alternatywną metodą jest zapewnienie stabilności uszkodzenia tylko przez jeden wysięgnik, ale oznacza to większe wymiary, masę i własną wytrzymałość holowniczą wysięgników.

W rezultacie specyfika stateczności statków SWA nie odpowiada zwykłym zasadom, które wcześniej proponowano dla jednokadłubowców. Oznacza to, że każdy nowy statek SWA jest statkiem eksperymentalnym, który potrzebuje specjalnych zasad projektowania i dyskusji z niektórymi rejestrami.

1.3. Zdatność do żeglugi.

Wysoki poziom wody morskiej na statkach SWA jest ich główną cechą charakterystyczną i zaletą. Opisana wcześniej specyfika wymiarów i stabilności statków SWA określa również specyfikę ich żeglugi morskiej.
To dobrze wiedziane, własne okresy ruchu silnie wpływają na przesiąkanie statków. Okresy są definiowane przez korelacje sił i momentów przywracania i sił bezwładności. Dla skoku, korelacja jest korelacją stabilności wzdłużnej i momentu bezwładności masy względem osi poprzecznej (w tym dodanego momentu masy wody).
Na przykład, stateczność dwukadłubowego statku SWA jest znacznie mniejsza niż porównywalnego jednokadłubowego, ale różnica bezwładności masy nie jest tak duża. Oznacza to, że własny okres skoku statku SWA z dwoma kadłubami jest większy, niż w przypadku statku jednokadłubowego, około 2 razy.
Mniej więcej taka sama, jak w przypadku jednokadłubowego, poprzeczna stateczność dwukadłubowego statku SWA oraz odpowiednio większy moment bezwładności masy w stosunku do osi podłużnej dają dwa razy większy, niż w przypadku jednokadłubowego, własny okres przechyłu. Korelacje pokazano na Rys. 26.

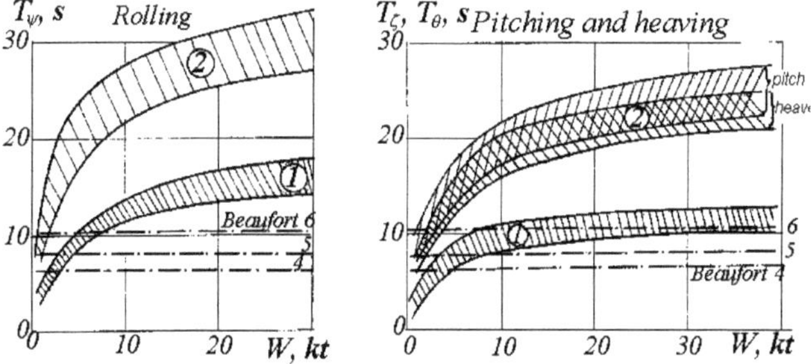

Rys. 26. Własne okresy przechyłu (z lewej) oraz skoku i przechyłu (z prawej) w stosunku do wyporności statku: 1 - kadłuby jednokadłubowe, 2 - statki SWA; linie przerywane - średnie okresy w różnych państwach nadmorskich.

Najwyraźniej tak duże różnice zmieniają warunki i metody żeglowania statku SWA na falach. Na przykład, zazwyczaj kadłuby jednokadłubowe mają rezonans wysokości w falach głowy; wręcz przeciwnie, statki SWA mają rezonanse wysokości i wysokości w następujących falach lub w pobliżu takiego kierunku. Wystarczająco duże statki SWA praktycznie nigdy nie mają rezonansu toczenia w falach bocznych.
Amplitudy rezonansowe statków SWA są zazwyczaj większe niż porównywalnych jednokadłubowców, ze względu na mniejsze tłumienie ruchów, ale przyspieszenia rezonansowe

nie są tak duże ze względu na wystarczająco duże własne okresy.
Rys. 27 porównuje amplitudy skoku dwóch 100-tonowych łodzi w falach nad głową. Badano modele duplusa i katamaranu, ale skok katamaranu jest w przybliżeniu taki sam, jak porównywalnego katamaranu jednokadłubowego (taka sama długość i wyporność).

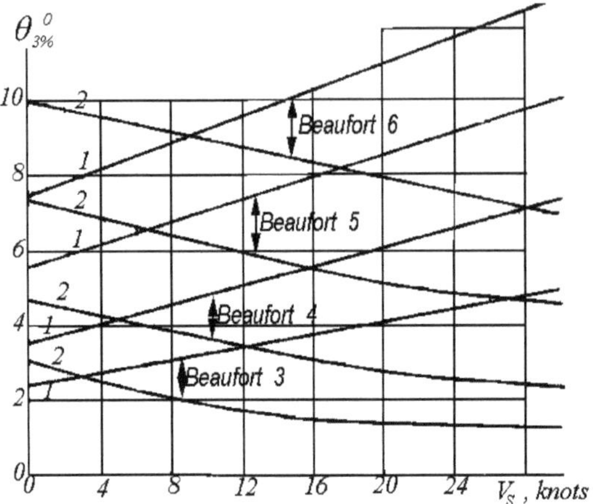

Rys. 27. Pojedyncze amplitudy skoku w falach głowic 100-tonowych łodzi: 1 - katamaran lub jednokadłubowy; 2 - duplus. Pokazano również państwa nadmorskie w skali Beauforta.

Najwyraźniej duplus pitch zmniejsza się wraz ze wzrostem prędkości; nie jest to typowe dla statków o tradycyjnym kształcie, jak jednokadłubowy i katamaran.
Niestety, amplitudy przyspieszenia pionowego rosną wraz ze wzrostem prędkości, ale wolniej, jak przyspieszenia katamaranu lub jednokadłubowego, rys. 28.

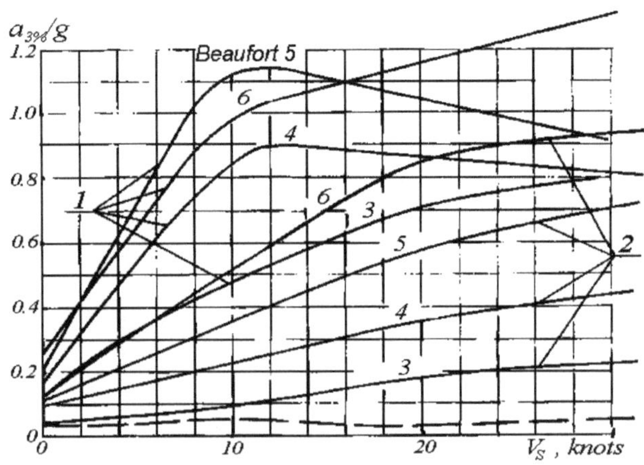

Rys. 28. Pionowe przyspieszenia łukowe tych samych łodzi: 1 - katamaran lub jednokadłubowy, 2 - duplus. Państwa nadmorskie w skali Beauforta pokazane są liczbami.

Jeśli prędkość w falach głowicy jest ograniczona przez przyspieszenia, tak mały duplus ma wyraźną przewagę, patrz rys. 29.

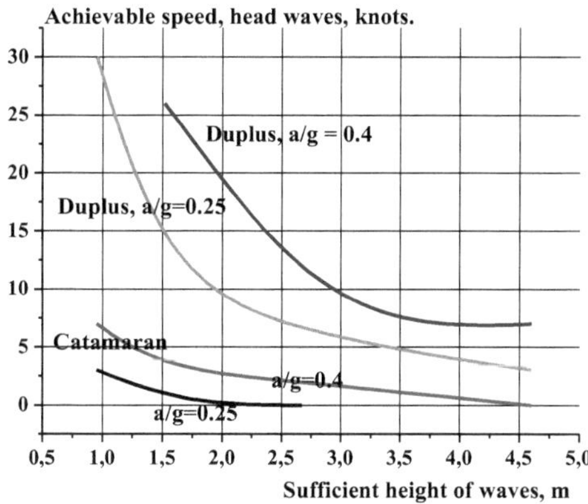

Rys. 29. Osiągalne prędkości tych samych łodzi dla różnych dopuszczalnych poziomów przyspieszeń pionowych.

Nawet pierwsze testy na pełną skalę statków SWA wykazały, że statki te mają w przybliżeniu taki sam poziom przesyłu wody morskiej, jak jednokadłubowe statki o większej pojemności 5-15 razy większej (w zależności od osiągniętej względnej powierzchni wodolotu). Na przykład na Rys. 30 pokazano amplitudy skoku niektórych kadłubów jednokadłubowych o różnej wyporności i eksperymentalnym duplusie wyporności 600 t; jej modele były testowane pod koniec 70-tej.

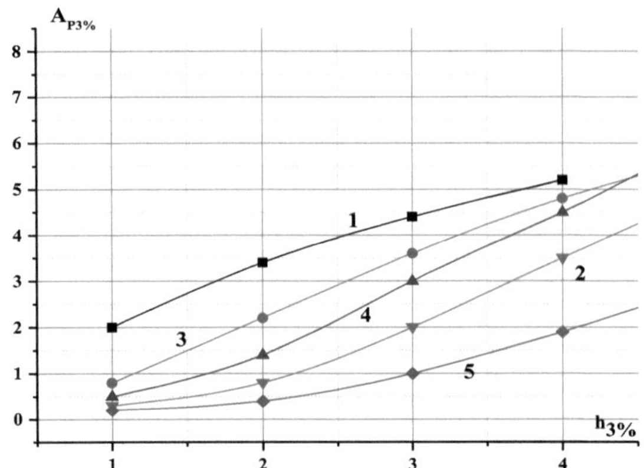

Rys. 30. Amplitudy skoku: 1 - jednokadłubowy, 1000 t, 15 węzłów, fale głowy; 2 - taki sam, 3500 t, 15 węzłów; 3 - duplus, 600 t, następujące po sobie fale, 10 węzłów; 4 - taki sam, fale głowy; 5 - taki sam, 18 węzłów.

Widoczne jest również zmniejszanie się skoku statku SWA przy większej prędkości w falach głowicy. Rys. 31 przedstawia amplitudy kołysania tych samych statków w falach bocznych.

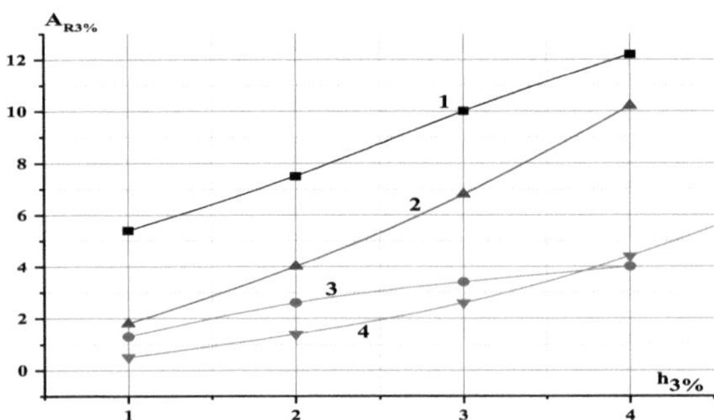

Rys. 31. Amplitudy toczenia w falach bocznych: 1 - jednokadłubowy, 1000 t; 2 - taki sam, 3500 t; 3 - duplus, 600 t, w spoczynku; 4 - taki sam, 18 węzłów.

Należy zauważyć, że wszystkie pokazane dane dotyczą statków bez ograniczenia ruchu. A jedną ze specyficznych cech statków SWA jest większa skuteczność wszystkich systemów osłabiania ruchu, ponieważ stosunkowo niewielkie siły zakłócające i momenty w falach. Oznacza to, że zwykłe siły i momenty systemów łagodzących są wystarczająco duże w stosunku do zakłóceń zewnętrznych na kadłubach SWA. Rys. 32 przedstawia amplitudy ruchu 10-towego modelu-prototypu statku SWA z ograniczeniem ruchu i bez niego.

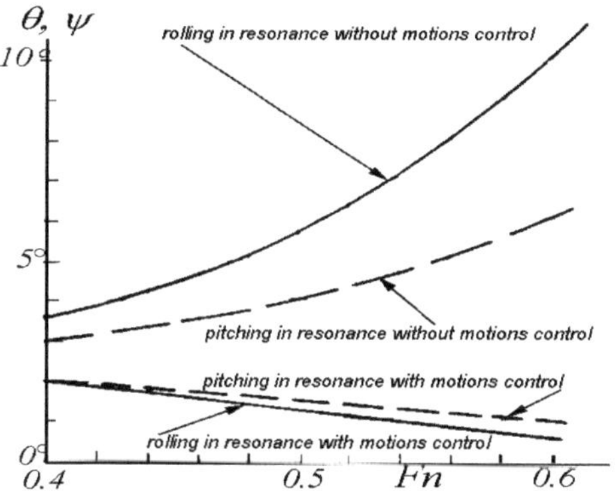

Rys. 32. Amplitudy ruchu modelu 10-t duplus w stosunku do prędkości względnej (górne linie - stała jest to rolka, przerywana - podziałka, bez ograniczania ruchu; dolne linie - stała jest to rolka, przerywana to podziałka, z ograniczaniem ruchu).

1.4. Wydajność w wodzie gładkiej. [3].

Pojedynczy kadłub o małej powierzchni przekroju wodnicowego różni się od tradycyjnego relatywnie większą powierzchnią zwilżoną i mniejszym współczynnikiem oporu resztkowego. (Należy zauważyć, że cechy te są wzajemnie zależne od współczesnych metod przewidywania oporu holowniczego. Oznacza to niemożność porównania kadłuba i statku za pomocą jednej lub obu tych cech. Wszystkie opcje można porównać tylko poprzez wartości oporu holowania. Rys. 33 zawiera kilka głównych danych dotyczących względnej zwilżonej powierzchni różnych pojedynczych kadłubów.

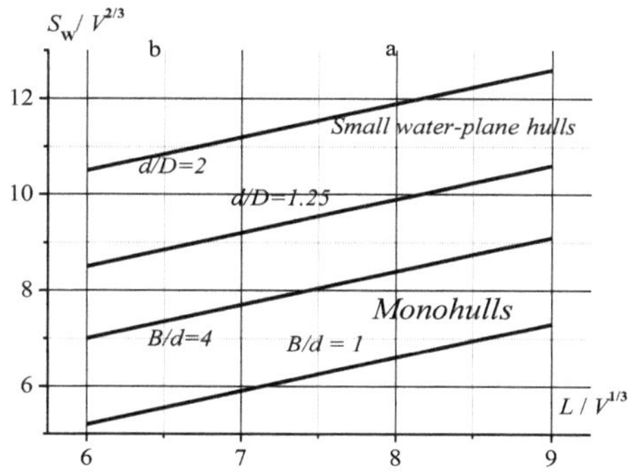

Rys. 33. Względna powierzchnia podmokła: linie górne - kadłuby o małej powierzchni przekroju wodnicowego na różnych zanurzeniach; linie dolne - kadłuby tradycyjne; tutaj d - zanurzenie, D - średnica gondoli, B - belka kadłuba.

Rys. 34 pokazuje porównanie współczynników oporu resztkowego różnych kadłubów.

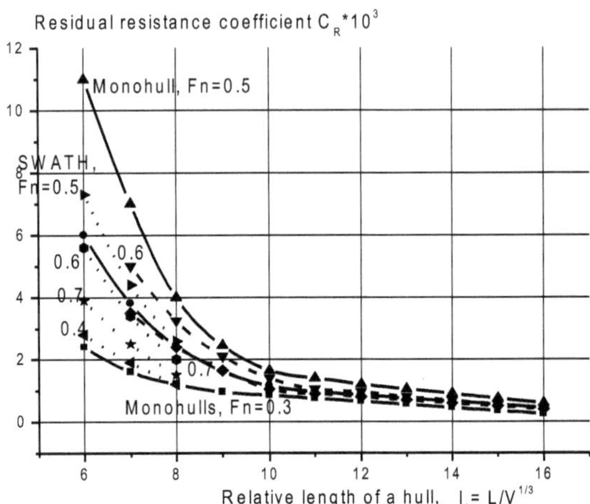

Rys. 34. Współczynniki oporu resztkowego kadłubów pojedynczych: linie stałe - tradycyjne, linie przerywane - kadłuby o małej powierzchni przekroju wodnicowego (na zanurzeniu d = 1,25D, D - średnica gondoli).

Połączenie niektórych kadłubów SWA z dwu- lub trzykadłubowym statkiem oznacza dodatkowe zjawiska hydrodynamicznego oddziaływania pól generowanych prędkości i układów fal kadłubów.

Oddziaływanie to zależy od liczby, wzajemnego rozmieszczenia, względnych wymiarów, kształtu kadłubów.

Po pierwsze, jest to interakcja systemów falowych gondoli i jednego lub dwóch rozpórek, patrz rys. 35.

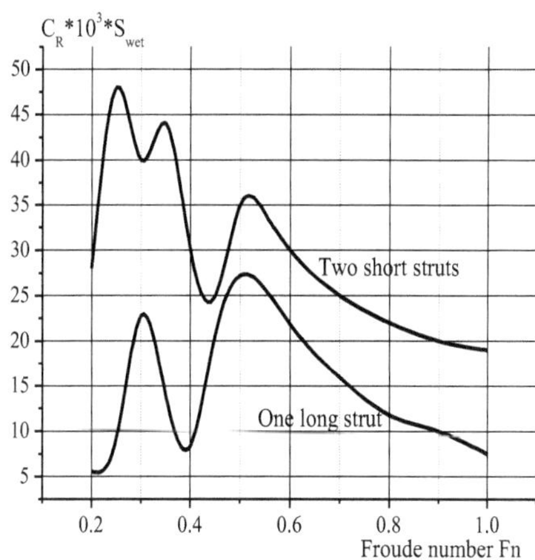

Rys. 35. Współczynniki oporu resztkowego: linia górna - gondola z dwoma rozpórkami; linia dolna - gondola i jedna (długa) rozpórka.

Maksymalna górna linia odpowiada liczbie Froude'a 0,5 przy długości rozpórki, tj. mniejszej liczbie Froude'a przy długości gondoli.
Jeśli liczba Froude'a przy długości gondoli wynosi około 0,5, każdy kadłub może być zmieniony o dwa krótsze. W tym przypadku prędkość względna krótszej gondoli będzie większa przy 1,4 - 1,6 w porównaniu z początkową dłuższą gondolą, tzn. uniknie się garbu falowego. Poza tym, dwie krótsze gondole będą miały relatywnie mniejszą powierzchnię zwilżoną. Rys. 36 przedstawia współczynnik oporu resztkowego krótszych kadłubów.

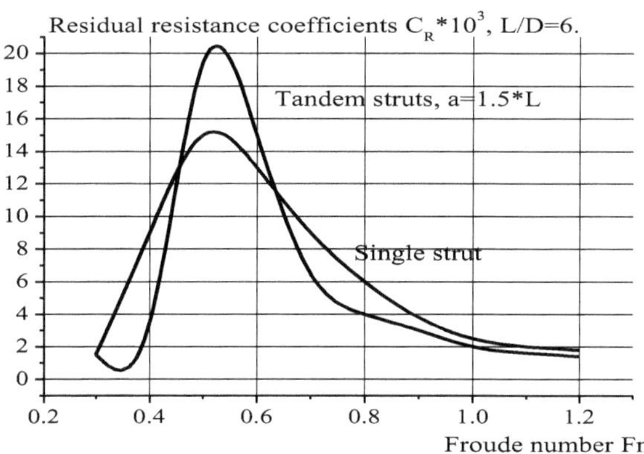

Rys. 36. Współczynnik oporu resztkowego kadłubów o wydłużeniu gondoli L/D = 6; pojedynczy kadłub i tandem kadłubów z odległością 1,5L między nimi.

Z wyjątkiem "oddziaływania wzdłużnego", występuje również oddziaływanie poprzeczne, na przykład, Rys. 37.

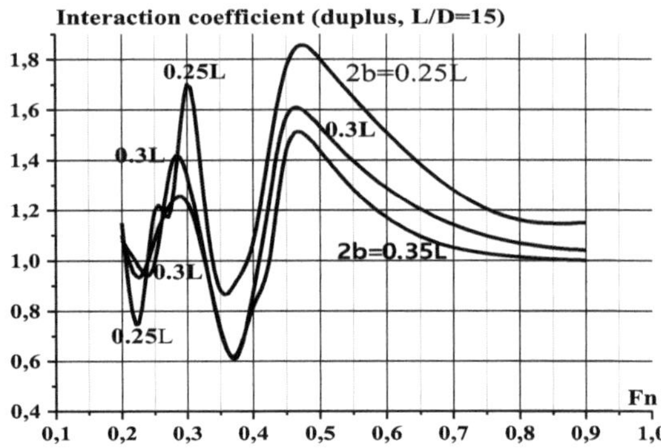

Rys. 37. Współczynnik interakcji kadłubów duplus, wydłużenie gondoli L/D = 15 ze zmiennymi prześwitami poprzecznymi.

Najwyraźniej, istnieje korzystna interakcja przy liczbach Froude'a od 0,2 do 0,25 i 0,33 do 0,43; pozostały zakres prędkości względnych odpowiada niekorzystnej interakcji systemów falowych. Interakcja aspiruje do zera przy najwyższych prędkościach względnych.
Wpływ prześwitu wzdłużnego trójkąta na współczynniki oporu szczątkowego jest opcją oddziaływania wzdłużnego, patrz Rys. 38.

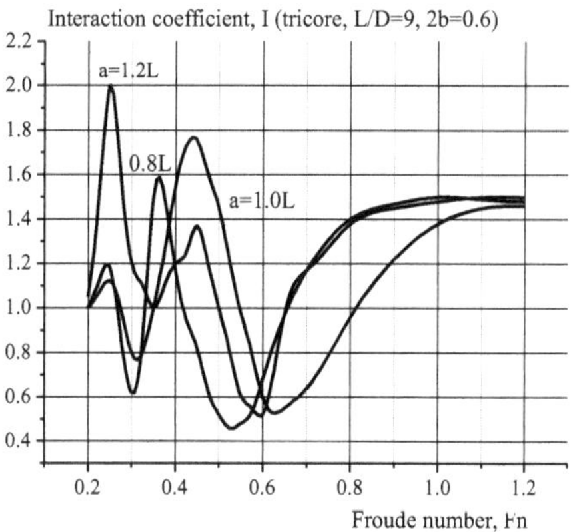

Rys. 38. Współczynnik wpływu współczynników oporu resztkowego na prędkość względną i wzajemne rozmieszczenie kadłubów tricore.

Najwyraźniej oddziaływanie wzdłużne jest bardziej wystarczające w porównaniu z oddziaływaniem poprzecznym. Ale wystarczająco duża interakcja odpowiada większym przesunięciom wzdłużnym.

Istniejąca seria testów modeli SWA w Rosji pozwala oszacować wszystkie możliwe opcje geometrii statku SWA z punktu widzenia oporu holowania.

Wzdłużne rozmieszczenie podpór działa maksymalnie na współczynniki oporu resztkowego statków podpór, Rys. 39.

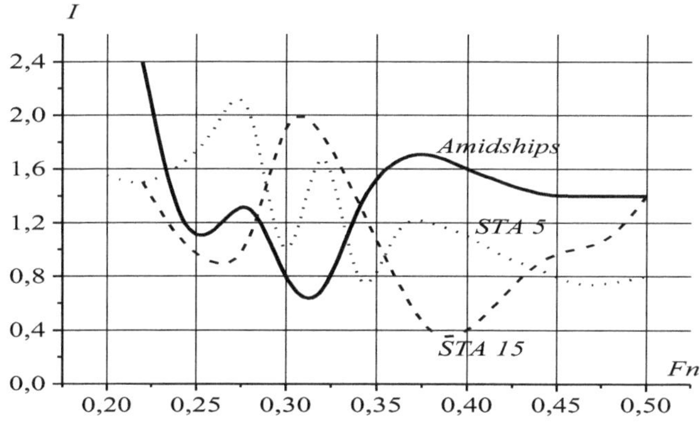

Rys. 39. Ustawienie neutriggera według długości wpływa na współczynniki oporu resztkowego statku wypornościowego: linia pełna - wypornik na środku; linia przerywana - wyporniki na rufie; linia z kropekami dotykowymi - wyporniki na dziobie.

W odniesieniu do pędników, zwykłe ich typy mogą być stosowane w przypadku statków SWA, zwykle umieszczanych przez jednego na sternach obu kadłubów, na rufie kadłubów bocznych statków trzykadłubowych lub przez jednego lub więcej na rufie kadłuba głównego statku wypornościowego.
Zazwyczaj SWA mają większe zanurzenie konstrukcyjne, jako minimum - na morzu, w porównaniu z kadłubami jednokadłubowymi; oznacza to, że pędniki statków SWA mają większą średnicę, tj. większy współczynnik napędowy.
Inną specyfiką statków SWA jest większy lepki strumień objętości i mniejsze zasysanie, tj. wyższy współczynnik wpływu kadłuba na napęd.
Duża liczba modeli holowanych i niektóre modele samobieżne statku SWA pozwalają na wcześniejsze oszacowanie osiągów statku SWA na wczesnym etapie projektowania bez dodatkowych testów.

1.5. Możliwość kontroli.

Jako większość wielokadłubowców, statki SWA zwiększyły stabilność na trasie i pomimo mniejszej długości odpowiadały zmniejszonej sterowalności, patrz np.

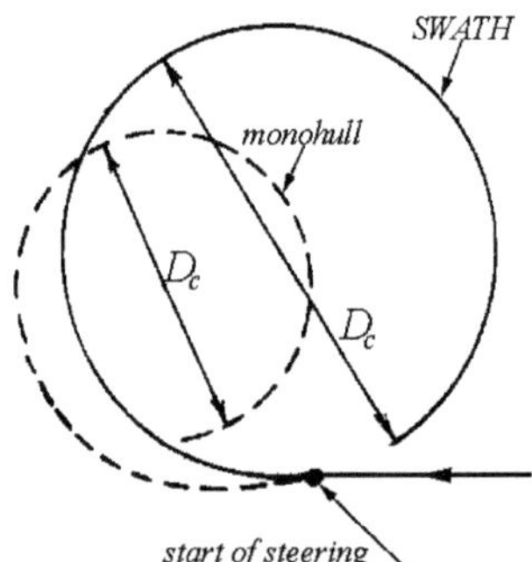

Rys. 40 . Trajektorie SWATH i jednokadłubowego kadłuba podczas cyrkulacji.

Specyfika statku SWA to zależność sterowania od prędkości, tj. od dynamicznego trymu i zanurzenia.

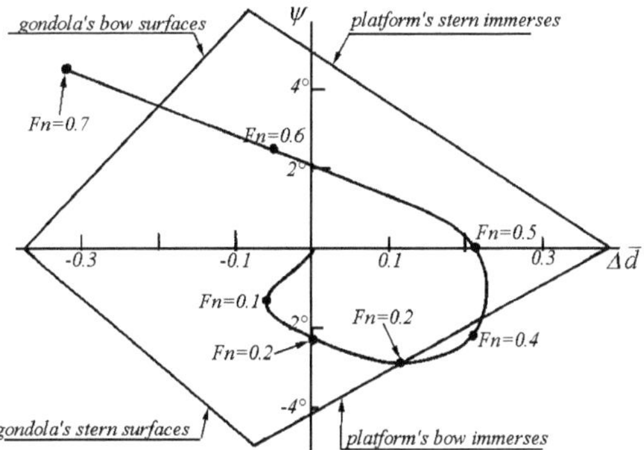

Rys.41. Schemat pozycji pracy SWATH w ruchu prostym i ich dopuszczalnych granic.

Statki SWA o niskiej prędkości mogą być sterowane poprzez zmianę położenia dynamicznego, oczywiście bez sterów, patrz rys. 2.
Najbardziej szczegółowe badania nad sterowalnością statków SWA przeprowadził dr V. Megorsky w Instytucie Badawczym Budownictwa Okrętowego Krylov, ZSRR, 70. Takie badania zapewniają przewidywalność kontroli na wczesnym etapie projektowania.

1.6.Siła.

Pełny schemat sił zewnętrznych i momentów w przypadku statków wielokadłubowych, w tym statków SWA, jest wystarczająco kompletny. Ale prostszy schemat głównych obciążeń zewnętrznych można zastosować na wczesnych etapach projektowania: poprzeczna siła pozioma i zdefiniowany przez nią moment zginający, patrz Rys. 42.

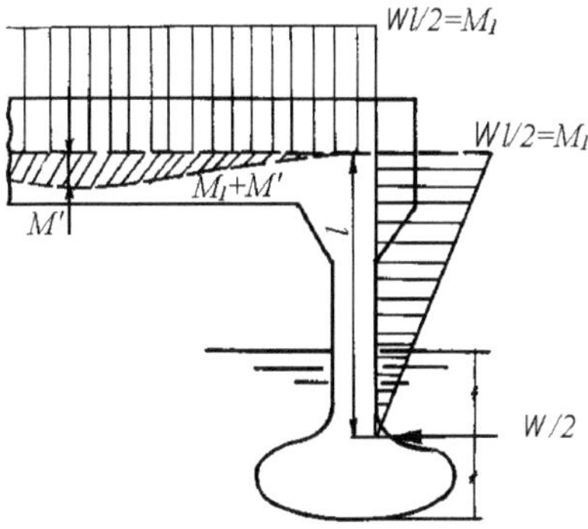

Rys. 42. Uproszczony schemat zewnętrznych obciążeń poprzecznych na statku SWA.

Maksymalne obciążenia poprzeczne działają w spoczynku w falach bocznych i jest to przypadek obliczeniowy wytrzymałości poprzecznej.
Grodzie poprzeczne, które są umieszczane na wszystkich głębokościach kadłubów statków SWA, są najważniejsze dla zapewnienia wytrzymałości poprzecznej - wraz z dodanymi do nich pasami, patrz Rys. 43.

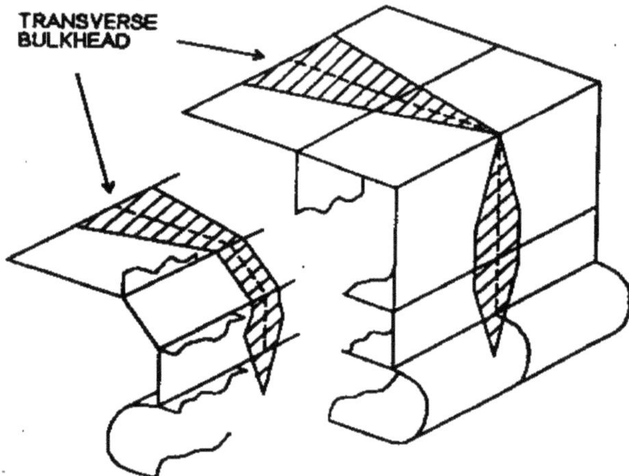

Rys. 43. Dodano pasy przegród kadłuba SWA, które zapewniają wytrzymałość poprzeczną [10].

Rozmieszczenie grodzi poprzecznych (na całej belce statku) należy przeprowadzić co najwyżej na wczesnym etapie projektowania. W grodzi muszą znajdować się otwory, a jej wytrzymałość musi być odzyskana przez specjalne detale.
Wytrzymałość wzdłużna jest mniej istotna w przypadku statków SWA z podwójnym kadłubem ze względu na mniejszą długość kadłuba i mniejszy moment zginający wzdłużny. Ale taka wytrzymałość potrójnokadłubowych statków SWA, w tym również wysięgnikowych, jest wystarczająco ważna i musi być sprawdzona, tak jak w przypadku jednokadłubowców.
Główna specyfika statków SWA polega na zmniejszaniu się wzdłużnych momentów zginających z większą prędkością w falach głowicy, rys. 44 (przeciwnie, moment jednokadłubowców rośnie wraz ze wzrostem prędkości).

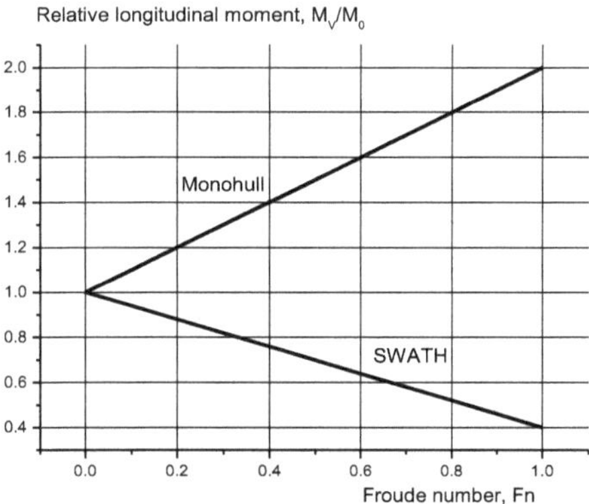

Rys. 44. Przybliżona zależność momentu zginającego wzdłużnego statku SWA od liczby Froude'a, fal głowicy.

Zazwyczaj najbardziej obciążonym cięciem konstrukcji statku SWA jest odcinek poziomy wspornika pionowego w miejscu minimalnej belki. Oznacza to, że struktura musi być wystarczająco gładka<, aby uniknąć koncentracji naprężeń przy najbardziej obciążonym cięciu. Jeżeli wymagana grubość skóry rozpórki jest określona przez najbardziej obciążone cięcie, a wartość jest akceptowana jako średnia dla całej konstrukcji, dodatkowe informacje na temat ogólnych wymiarów umożliwiają prognozowanie masy konstrukcji kadłuba, patrz Rys. 45.

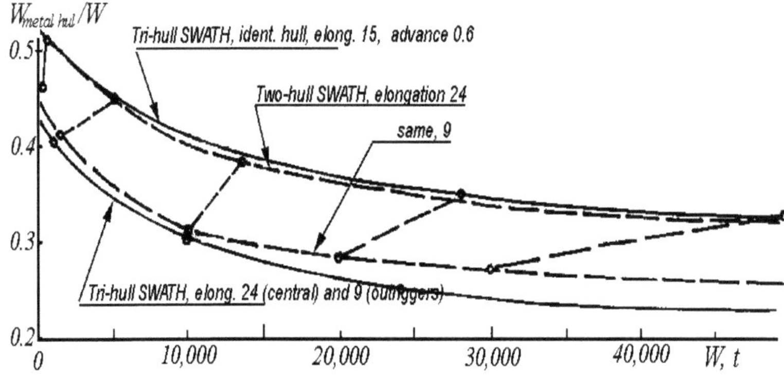

Rys. 45. Wyniki obliczeń (na podstawie rys. 42 i 43) oszacowania masy konstrukcji stalowej różnych statków SWA. [1].

Zazwyczaj masa konstrukcji statku SWA w relacji pełnej wyporności jest większa niż porównywalnych jednokadłubowców, ale mniejsza w stosunku do powierzchni pokładów.

Statki SWA z wysięgnikami różnią się od statków wielokadłubowych najmniejszą względną masą konstrukcji.

1.7.Projektowanie.

Autor zaproponował specjalny algorytm projektowania statków SWA w celu pełnego uwzględnienia ich specyfiki. Jedną z głównych danych wyjściowych dla takiego algorytmu jest wymagana powierzchnia pokładów.
Z reguły projektowany statek SWA nie posiada żadnych prototypów, dlatego też proponowany algorytm zawiera proste obliczenia wszystkich potrzebnych parametrów technicznych i eksploatacyjnych - bez ponownych obliczeń z prototypu. Wymiar jest wybierany poprzez zmienność ich korelacji i sprawdzanie charakterystyki wyników pod kątem zgodności z wcześniej wybranymi normami (np. normą początkowej stabilności poprzecznej). Proponowany schemat algorytmu pokazano na Rys. 46.

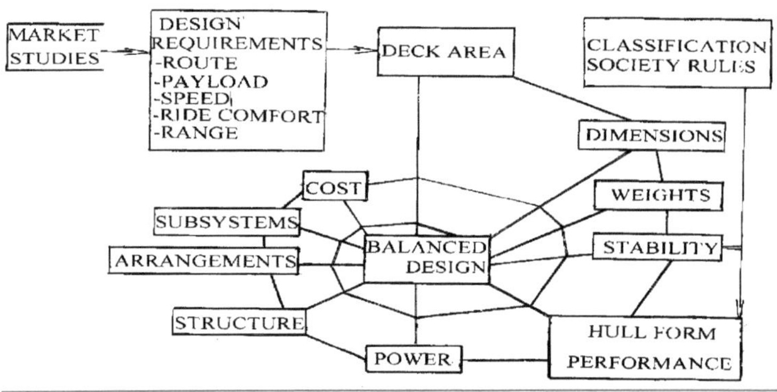

Rys. 46. Specjalny algorytm projektowania statków SWA.

Charakterystyka statków SWA była badana w ZSRR od końca lat sześćdziesiątych. Po zaproponowaniu przedstawionego algorytmu, możliwe jest dziś wczesne zaprojektowanie wszystkich potrzebnych statków SWA o dowolnym przeznaczeniu.
Poza tym autorka zaproponowała wiele nowych opcji dla różnych statków wielokadłubowych, w tym SWA, patrz rys. 47.

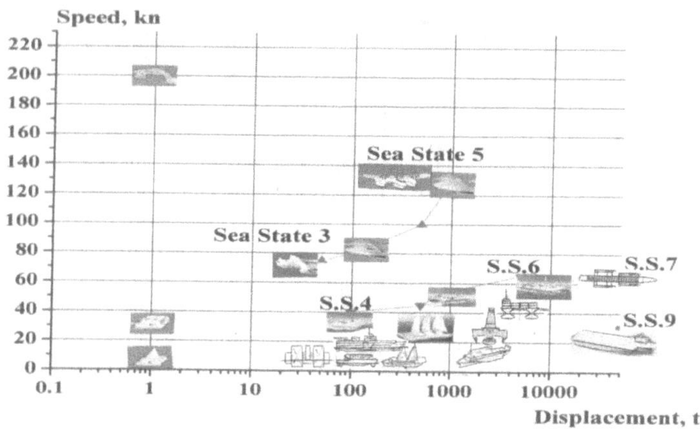

Rys. 47. Niektóre z nowo zaproponowanych przez autorów typów statków wielokadłubowych.

2. Uniwersalna metoda porównywania zdolności żeglugowej.

Zdatność do żeglugi jako pojęcie ogólne obejmuje amplitudy, prędkości, przyspieszenia wszelkiego rodzaju ruchów, straty prędkości z różnych powodów, trzaskanie i inne działania uderzeniowe fal na statek, wilgotność pokładu, sterowalność itp. Tak szeroka lista oznacza, że pojęcie to jest wystarczająco kompletne i zazwyczaj nie może być zdefiniowane przez liczbę. Zdatność do żeglugi można jednak zdefiniować za pomocą liczby, jeżeli definiuje się ją jako **możliwość spełnienia przez badany statek wymaganych standardów wybranych cech charakterystycznych w wybranym losowo wybranym morzu, Seakeeping Coefficient, w** skrócie **SC**. Idea ta została zaproponowana przez autora w języku rosyjskim, [4], oraz wyjaśniona później w języku angielskim [11].

Statek jest kompletnym systemem niektórych podsystemów, np. kadłuba, załogi, źródeł energii, wyposażenia technologicznego itp. Zestaw do żeglugi morskiej- jest określony przez cel statku, specyfikę i warunki eksploatacji.

Oznacza to, że pierwszym krokiem w kierunku zdatności do żeglugi, opisującym i porównującym, jest wybór potrzebnych cech charakterystycznych i ich norm.

Wybrane charakterystyki muszą być określone w badaniach lub obliczeniach dla szerokiego zakresu wysokości fali i kątów natarcia względem czoła fali.

Ale zazwyczaj mamy cechy charakterystyczne dla ograniczonej liczby pozycji: fale głowy i fale boczne, czasami - podążaj za falami.

Dla uproszczenia możemy przybliżyć zależność wszystkich cech z kątów nagłówka jako sinusoidalną. Oznacza to, na przykład, boisko jest zerowe w falach bocznych, ale rolka jest zerowa w głowie i następujących falach.

Jeden z głównych podsystemów, kadłub, posiada różne cechy zdatności do żeglugi w zależności od typu statku i korelacji wymiarowych. Ale jednolita prezentacja wszystkich cech pozwala na porównanie zdatności do żeglugi każdego typu statku. Ponadto, jednolita prezentacja pozwala na zademonstrowanie wpływu różnych pomiarów rozwoju statku na jego zdolność do żeglugi i działania. Zaproponowany algorytm porównania pokazano poniżej na przykładzie.

2.1.Dane początkowe.

Na przykład wybiera się trzy charakterystyki ruchu: - amplitudy skoku; - przyspieszenia skoku; - amplitudy przechyłu.

Te cechy statku o małej powierzchni wodolotu o wyporności 600 t zostały określone w badaniach modelowych w basenie morskim Centrum Badawczego Budownictwa Okrętowego Krylov, Sankt Petersburg, Rosja, Ryc. 48, 49,50.

Ponadto do porównania wybrano dwa zestawy standardów: amplitudę skoku (3 lub 4 stopnie) 3 lub 4 stopnie, amplitudę przechyłu 5 lub 8 stopni, amplitudy przyspieszenia 0,25g i 0,4g. Różne poziomy norm pokażą ich wpływ na współczynnik wychwytywania.

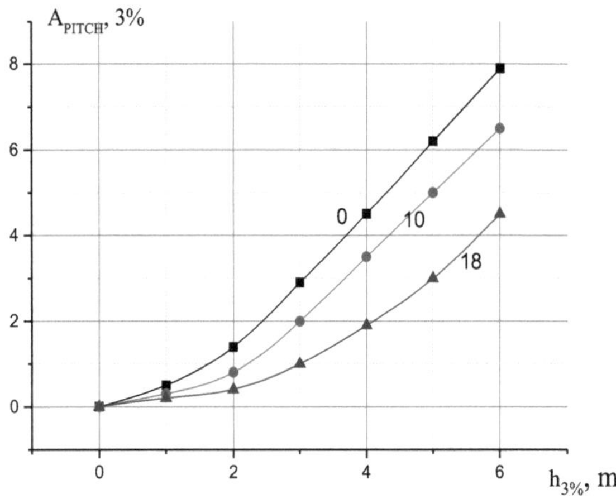

Rys. 48. Amplitudy skoku 600-t SWATH (na podstawie doświadczeń).

Użyteczną specyfiką statków SWA jest zmniejszanie amplitudy skoku z rosnącą prędkością w falach nad głową.

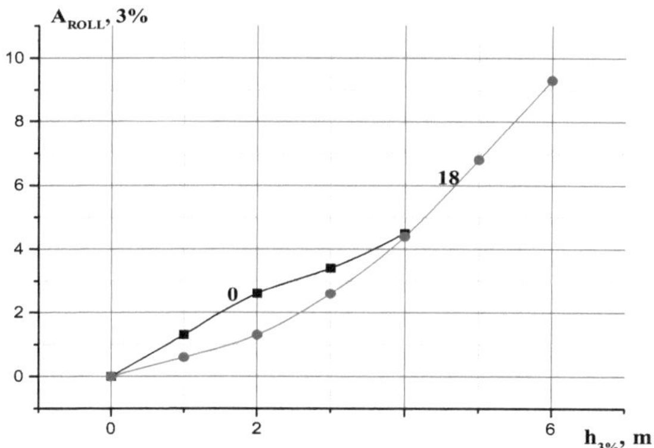

Rys. 49. Amplitudy kołysania w falach bocznych, ten sam statek.

Najwyraźniej, rolka spada wraz ze wzrostem prędkości w małych falach lub nie ma żadnego wpływu prędkości na amplitudy rolki.

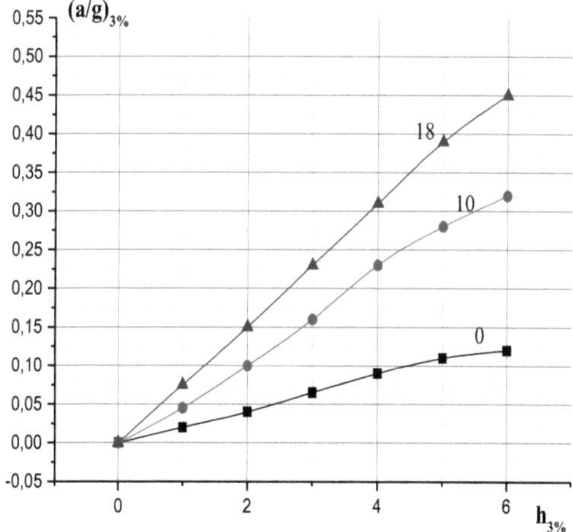

Rys. 50. Amplitudy przyspieszenia skoku w falach na głowie, ten sam statek.

Najwyraźniej, jak zwykle, amplitudy skoku statku SWA wzrastają wraz ze wzrostem prędkości.

2.2. Zależność od kąta natarcia, porównanie z normami.

Poniżej przypuszcza się, że sinusoidalna zależność od wszystkich cech charakterystycznych przesączania z pozycji. Prawdziwa zależność jest zalecana, jeśli jest znana z eksperymentów lub obliczeń. Kolejnym krokiem obliczeń jest porównanie z poziomami standardowymi w polach "charakterystyka ruchu - kąt natarcia", patrz poniżej.

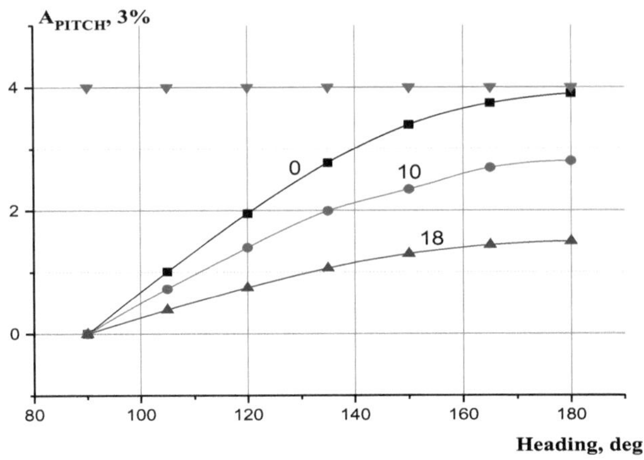

Rys. 51. Porównanie amplitudy skoku z "bardziej miękkimi" standardami, stan morza 5.

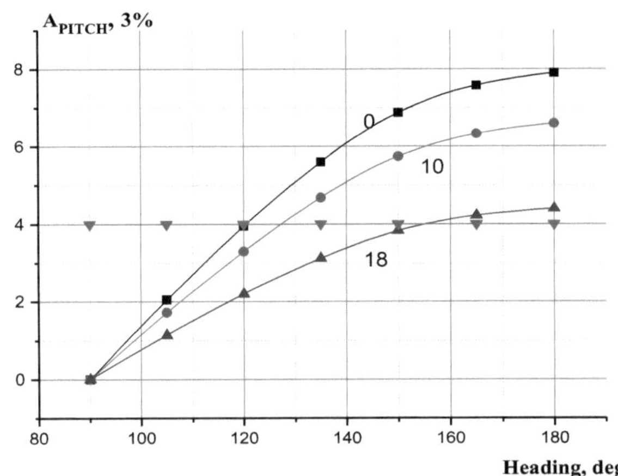

Rys. 52. To samo, stan morza 6.

Rys. 53 pokazuje, że amplitudy kołysania są mniejsze niż oba wybrane poziomy w stanie morza 5. A amplitudy są porównywane z wybranymi normami na rys. 27 dla stanu morza 6.

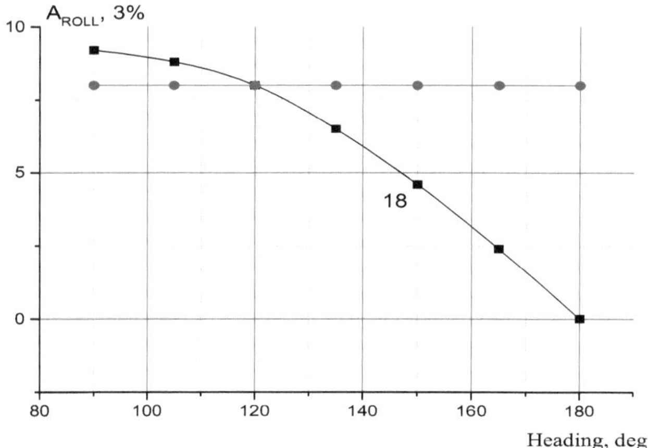

Rys. 53. Porównanie amplitudy przechyłu z wybranym "miękkim standardem", stan morza 6.

Przyspieszenie skoku jest porównywane z "miękkim standardem" na Rys. 54.

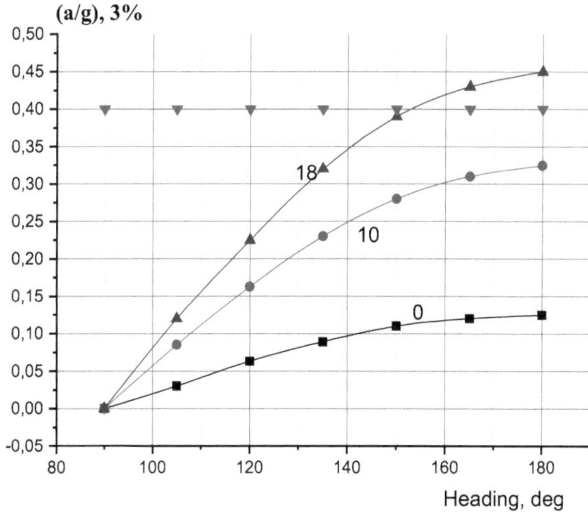

Rys. 54. Porównanie przyspieszenia boiska, stan morza 6.

2.3. Synteza informacji.

Następnym krokiem obliczeń jest synteza punktów przecięć krzywych na polu "prędkość-kąt natarcia" dla różnych stanów morza, patrz poniżej.

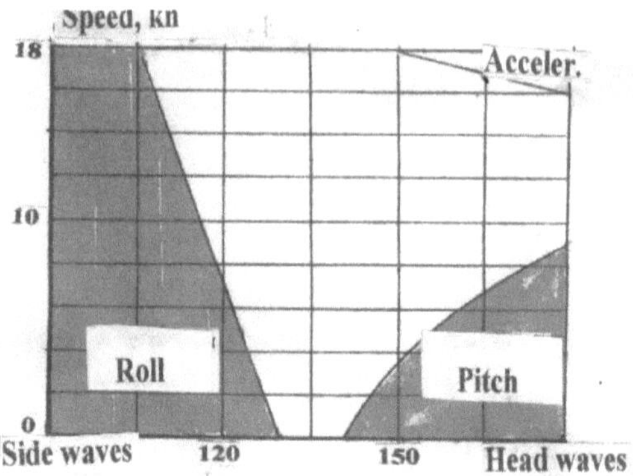

Rys. 55. Definicja dopuszczalnych systemów (nie kolorowanych i odnotowanych słowami) w państwie nadbrzeżnym 5 i bardziej "miękkich" standardów.

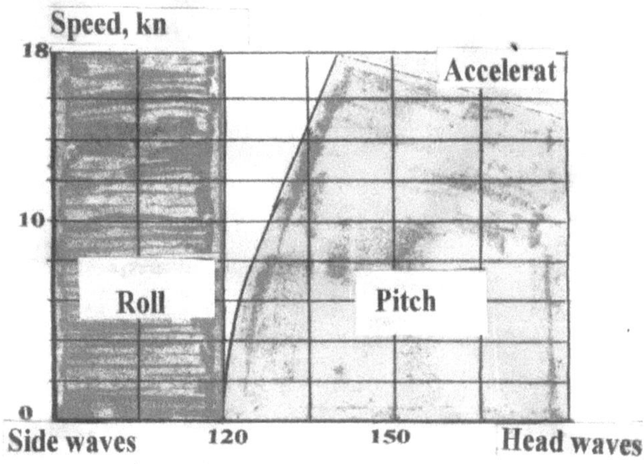

Rys. 56. Więcej "twardych standardów", stan morza 6.

Poniższe obliczenia dają współczynniki przesączania dla wybranego morza. Współczynnik spływu jest zdefiniowany dla 600-t SWATH na Morzu Ochockim, więcej "miękkich" standardów "4-8-0.4", tabela 3.

Tabela 3.

Definicja współczynnika przesączania, "miękkie standardy".

1	Państwo nadmorskie	0	1	2	3	4	5	6	>6	SC
2	% występowania	0	23.7	45	20.3	7.1	2.5	0.8	0.6	
3	"Lokalny" Współczynnik Sejfowania, SCL	0	1	1	1	1	1	0.12	0	98.7
4	(2)*(3)	0	23.7	45	20.3	7.1	2.5	-.096	0	

Tabela 4 zawiera te same obliczenia dla "twardych standardów".

Tabela 4.

Definicja współczynnika przesączania, "twarde standardy".

1	Państwo nadmorskie	0	1	2	3	4	5	6	>6	SC
2	% występowania	0	23.7	45	20.3	7.1	2.5	0.8	0	97.45
3	"Lokalny" Współczynnik Sejfowania, SCL	1	1	1	1	1	0.51	0	0	
4	(2)*(3)	0	23.7	45	20.3	7.1	0.54	0	0	

2.4. Algorytm obliczeń.

1. Wybór listy i poziomów wymaganych standardów.
2. Wykresy charakterystyki przesączania w porównaniu z wysokością fali dla niektórych prędkości.
3. Wykresy standardów w stosunku do kąta natarcia dla niektórych prędkości i niektórych dyskretnych wysokości fal (państwa nadmorskie).
4. Wykreślenie standardowych poziomów do ostatniej serii wykresów.
5. Punkty przecięć należy wykreślić w polach "speed-heading" dla każdego badanego stanu morza.
6. Osiągalne pary "speed-heading" to obszar dopuszczalnych reżimów; wartość obszaru musi być podzielona przez wartość całkowitej powierzchni dla każdego państwa nadmorskiego.
7. Wyniki to "lokalne współczynniki przesiąkania", CSL, dla każdego państwa nadmorskiego.
8. Należy podsumować

iloczyn iloczyn SCL do odpowiadającego stanu morza; wynikiem jest badany "współczynnik przenikania".

Na przykład Rys. 57 zawiera współczynniki spływu tradycyjnych statków bojowych i statków SWA z helikopterami i bez nich na Północnym Atlantyku.

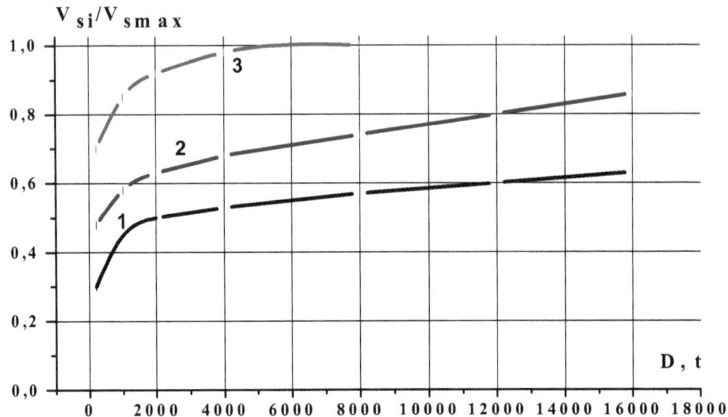

Rys. 57. Współczynniki spływu różnych statków na Północnym Atlantyku: 1 - kadłuby jednokadłubowe z bronią lotniczą, 2 - takie same, bez takiej broni, 3 - statki SWA z bronią lotniczą.

Najwyraźniej statek SWA jest praktycznie "w każdych warunkach pogodowych" przy wyporności około 5 0000-
6 000 t.

3. Kilka przykładów nowo zaproponowanych statków SWA.

3.1. Skuteczny statek patrolowy z helikopterem uderzeniowym i bezzałogowymi samolotami.

Istnieje wiele publikacji na temat potrzeb efektywnych i stosunkowo tanich statków patrolowych w różnych krajach. Efektywność takich statków w głównej mierze oznacza minimalną wyporność i maksymalną zdatność do żeglugi. Takie statki muszą służyć na morzu w stanie maksymalnego możliwego stanu morza i w wystarczająco długim czasie.

Wydaje się oczywiste, że wymagania te są sprzeczne: zwykle mniejsze przemieszczenie oznacza mniejsze przesiąkanie. A ostatnia cecha zależy od sześciennego korzenia przemieszczenia, tzn. wystarczająco wolno.

Wydaje się oczywiste, że statek patrolowy z helikopterem jest najlepszą opcją dla maksymalnej szerokiej kontroli nad powierzchnią morza i, w miarę możliwości, nad głębokością morza. Poza tym, obecnie niektóre bezzałogowe samoloty mogą być wystarczającym narzędziem dodatkowym do monitorowania. Ale każdy samolot na pokładzie statku oznacza większą potrzebę ucieczki.

Można przypuszczać, że statek o małej powierzchni wodolotu, statek SWA, jest lepszą opcją dla długotrwałego patrolowania morza. Wysoki potencjał statków SWA z punktu widzenia zdatności do żeglugi świadczy o tym wiele badań oraz doświadczenie około 70 budowy statków SWA na świecie [1], [2].

Wybór typu statku powietrznego i jego wpływ na charakterystykę statku powietrznego.

Wygląda na to, że najskuteczniejszy statek patrolowy musi być wyposażony w helikopter szturmowy. Oznacza to jednak wystarczająco dużą masę, 15-16 ton, na górnym pokładzie, czyli wystarczająco wysoki wymóg początkowej stateczności. Ponadto oznacza to wystarczającą powierzchnię wolnego pokładu górnego, jego wytrzymałość i masę konstrukcji pokładu górnego, tj. ponownie dodany wymóg początkowej stateczności. Wymagania te mogą być zapewnione przez statek SWA w sposób wystarczająco prosty.

Poza tym, wystarczająco duża średnica śmigłowca uderzeniowego, około 15-16 m, oznacza całkowitą wiązkę statku nie mniej niż 17-18 m - bardzo duża wartość dla zwykłego statku małogabarytowego, ale nie dla statku SWA.

Wydaje się oczywiste, że najbardziej efektywna obsługa śmigłowca może być zapewniona tylko wtedy, gdy jesteś odpowiadającym ci hangarem. Z reguły hangary są ustawione na górnym pokładzie - dla najprostszego przenoszenia śmigłowca. Ale oznacza to wystarczająco dużą długość złożonego "pokładu lotniczego + hangaru": nie mniej niż 2,5 średnicy śmigła, tj. około 45 m dla śmigłowca bojowego. Ale długość kadłuba jest najdroższym wymiarem ogólnym. Dla jego zmniejszenia hangar może być ustawiony pod pokładem powietrznym; oznacza to długość :pokładu lotniczego + hangaru" około 30 m - co odpowiada zmniejszeniu długości statku.

Należy zauważyć, że duża prędkość śmigłowca i szeroki monitoring przez samoloty bezzałogowe nie pozwalają na tak dużą prędkość statku patrolowego, ponieważ wszystkie potrzebne "pościgi" będą wykonywane przez śmigłowiec. Prędkość konstrukcyjna statku patrolowego SWA może wynosić około 20 węzłów - i może być w przybliżeniu taka sama przy wystarczająco silnych falach, jak w przypadku wszystkich statków SWA.

Najlepszym sposobem zastosowania bezzałogowych samolotów (UMA) jest optymalizacja ich typu, liczby i wymiarów na statku patrolowym.

Oczywiste jest, że odpowiadający system czujników musi być zaprojektowany i wyprodukowany dla
UMA. Masa i wymiary układu czujników określają ładowność UMA. Ale typy UMA mają swoje zalety i wady.

Na przykład śmigłowce UMA potrzebują minimalnej powierzchni pokładu latającego, mogą latać na pokładzie bez żadnych dodatkowych urządzeń, ale mają mniejszy zasięg przy takim samym zaopatrzeniu w paliwo. Samoloty UMA potrzebują wystarczająco dużego pokładu latającego, specjalnych urządzeń do lądowania, ale mają większy zasięg przy takim samym zapasie paliwa. Zalety obu typów zapewniają tak zwany "Converoplan", jak amerykański samolot "Osprey", rys. 58.

Rys. 58. Samolot "Osprey".

Najwyraźniej pokład lotniczy UMA może być taki sam, jak w przypadku helikoptera, lub może być oddzielony od ostatniego. UMA można przewozić i serwisować w tym samym hangarze, na przykład, Rys. 59 przedstawia plan hangaru i pokładu latającego zaprojektowanej fregaty zachodniej.

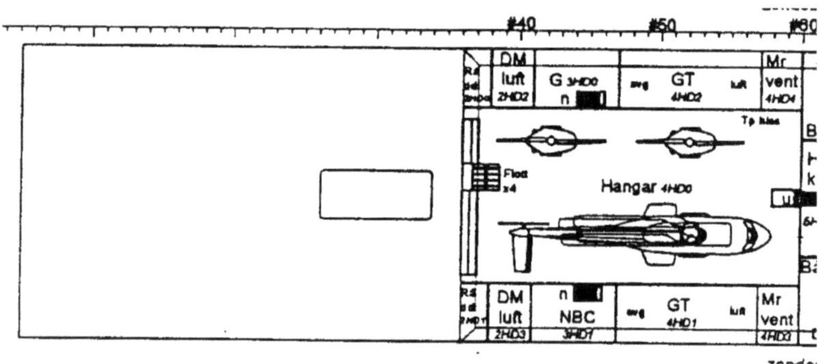

Rys. 59. Aranżacja fregaty w hangarze.

Jeżeli UMA korzystają z tego samego pokładu latającego, co śmigłowiec, możliwość ostatniego z nich jest ograniczona, tzn. nie jest to opcja pożądana. Niż UMA z pionowym lądowaniem są najbardziej pożądane dla małych statków patrolowych.

Jednym z głównych wymagań, które określają wymiary statku, jest powierzchnia pokładu dla mieszkań usługowych, mieszkalnych, pomocniczych. Wystarczającą zaletą wszystkich statków wielokadłubowych jest możliwość wszystkich potrzebnych aranżacji mieszkań na platformie nadwodnej. Oznacza to przede wszystkim wyższy poziom komfortu przy długotrwałej obsłudze na morzu.

Ale silnik główny i stacja elektryczna umieszczona w kadłubach (gondolach) jest pożądaną opcją ogólnego układu. Ale możliwość odciągania silnika przez rozpórki bez dokowania statku jest potrzebna. Oznacza to wyraźną korelację pomiędzy wymiarami silnika (szerokość w układzie głównym), tj. mocą i swobodnym wewnętrznym otwarciem rozpórek.

Stalowa konstrukcja kadłuba jest najlepszym rozwiązaniem z punktu widzenia kosztów budowy. Nie tak duża wymagana prędkość jest powodem zastosowania oleju napędowego jako głównego silnika.

Ten sam powód, a nie tak duża prędkość, pozwala na projektowanie opływowych powierzchni statku SWA, rozpórek i gondoli, z części o prostych kształtach: płaskich, cylindrycznych, stożkowych. Nadwodna platforma statku SWA składa się z płaskich powierzchni w głównej mierze z płaskich powierzchni. Podsumowując, oznacza to minimalne koszty technologiczne związane z montażem konstrukcji kadłuba.

Najwyraźniej statek patrolowy zostanie zaprojektowany pod kątem możliwości przyszłej modernizacji, w tym wymiany samolotów.

W zależności od warunków eksploatacji i wymagań klienta można zastosować aktywne lub pasywne systemy ograniczania ruchu.

Jak wszystkie statki SWA, patrol można zaprojektować w taki sposób, aby zapewnić minimalne zanurzenie w porcie i wystarczająco mały balast wodny na morzu w celu zwiększenia zdatności do żeglugi. Tak mała objętość balastu zapewnia wystarczającą zmianę zanurzenia na morzu, ze względu na małą powierzchnię wodolotu rozpórek. Ten sam balast w zbiornikach powietrza może być wykorzystywany do wystarczającego złagodzenia ruchu w spoczynku lub przy małych prędkościach, gdy skuteczność stabilizatorów foliowych jest niska.

Poniższe dane wstępne zostały zaakceptowane jako przykład projektowania koncepcji statku patrolowego SWA:

- Dwupokadłubowy typ statku, SWATH, z jednym długim rozpórkiem na każdej gondoli, tj. duplus według terminologii [1];
- Wewnętrzny pokład w platformie o powierzchni około 2.000 m2, w tym hangar na dwóch poziomach;
- Zaatakuj śmigłowiec, aby odlecieć z ciężaru 15 t, średnica śmigła 16,4 m;
- Odległość między pokładem mokrym a pokładem wewnętrznym platformy 3 m, między pokładem wewnętrznym a górnym - 2,5 m;
- Wewnętrzny pokład platformy jest pokładem wodoszczelnych grodzi;
- Kołodziec i nadbudówka górnego pokładu mają minimalne wymiary;
- Hangar śmigłowcowy umieszczony jest na platformie, poniżej górnego pokładu, oraz posiada windę mechaniczną z dodatkowym osprzętem ręcznym; UMSa umieszczone są w oddzielnych mieszkaniach, np. w nadbudówce;
- Materiałem konstrukcyjnym kadłuba jest stal okrętowa;
- Główne matryce zostaną zastosowane do opcji statku o umiarkowanej prędkości; jeśli wymagana jest większa prędkość, można zastosować turbiny gazowe o tej samej szerokości;
- Stacja elektryczna statku jest zaaranżowana w gondolach do;
- Szkic projektowy przy pełnym przemieszczeniu nie większym niż 3,5 m;
- Belka całkowita nie mniejsza niż 18,4 m;
- Początkową stateczność poprzeczną wybiera się zgodnie z następującą zasadą: przechył statku nie większy niż 10 stopni przy bocznym wietrze o prędkości 50 węzłów dla ograniczonego rejonu żeglugi.

Pokazane dane początkowe prowadzą do następujących głównych wymiarów i ogólnych charakterystyk:

- Długość całkowita 55 m, długość płaszczyzny wodnej 50 m;
- Belka całkowita 20 m;
- Belka rozpórki 2 m dla prędkości konstrukcyjnej wiatru 50 węzłów;

- Odległość między projektowaną linią wodną - linia na pokładzie morskim i na pokładzie mokrym, prześwit pionowy, 3,5 m;
- Projekt dla pełnego przemieszczenia 3,5 m w porcie; zanurzenie w morzu 5 m;
- Głębokość kadłuba (do pokładu latającego) 14,5 m;
- Pełna wyporność około 1000 ton w porcie, około 1200 ton na morzu;
- Ładowność około 100 t, nośność około 350 n;
- prędkość morza około 22 węzły dla diesli 2x6 MW, około 26 węzłów - dla turbin 2x8,8 MW;
- w zakresie 2.500-3.000 nm przy prędkości 17-18 węzłów; w przypadku oszczędności zasobów silnika można zastosować tylko jeden silnik główny przy ekonomicznej prędkości obrotowej.

Zerowe przybliżenie ogólnego układu pokazano na Rys. 34, łącznie z rozmieszczeniem- grodzi głównych.

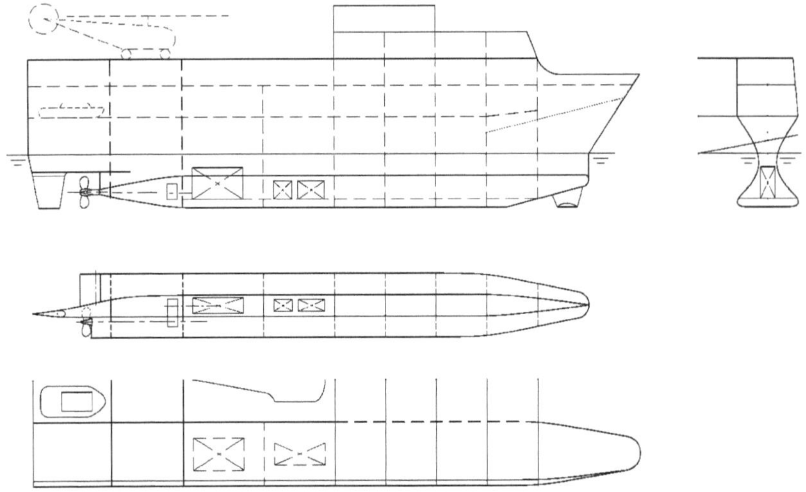

Rys. 60. Projekt porozumienia ogólnego.

Pokazane stery poziome, stery rufowe pod gondolami, stery rufowe - na gondolach, mogą być bierne lub aktywne. Wymiary steru zostaną dobrane w procesie projektowania systemu łagodzenia skutków ruchu. Najwyraźniej stabilizatory foliowe będą bardziej efektywne, jeśli prędkość statku będzie większa.

W przypadku pasywnych stabilizatorów foliowych ewentualny poziom stanu morza dla pełnego zastosowania śmigłowca będzie dotyczył stanu morza 4 bez ograniczeń prędkości i kursu, a stanu morza 5 - oczywiście dla pewnych ograniczeń i pełnej prędkości.

W przypadku folii aktywnych odpowiedni poziom zdatności do żeglugi wynosi 5 i 6.

W celu ograniczenia ruchu w spoczynku i przy mniejszych prędkościach, balast wodny może być stosowany w zbiornikach aktywowanych powietrzem. Ale takie projektowanie zbiorników wymaga specjalnych testów i obliczeń.

Pokazane wymiary i właściwości można oczywiście skorygować zgodnie z wymaganiami klienta.

Wnioski i zalecenia.

1. Wydaje się, że wykazana charakterystyka statku patrolowego z helikopterem szturmowym i bezzałogowym statkiem powietrznym może być zapewniona tylko przez statek o małej powierzchni wodnosamolotu.
2. Dziś na rynku światowym nie ma nic porównywalnego ze statkiem patrolowym.
3. Takie projektowanie i budowa statków jest możliwą drogą na rynek światowy.

3.2.Mały transporter bezzałogowych samolotów.

Szeroki monitoring mórz i wybrzeży może być bardzo przydatny dla różnych usług z zakresu ekologii, straży przybrzeżnej, rozwiązywania problemów wojskowych. Taki monitoring jest najskuteczniejszy w przypadku niektórych bezzałogowych samolotów, UMA, które są przewożone przez specjalny statek. Statek musi charakteryzować się maksymalną możliwą zdatnością do żeglugi i minimalnym przemieszczeniem przy minimalnych kosztach budowy i naprawy. Proponowany statek może przewozić na przykład 10-12 UMA o rozpiętości skrzydeł 5-6 m i 5-6 UMA o rozpiętości skrzydeł 15 m oraz niektóre bezzałogowe pojazdy podwodne.
Proponowany statek, Rys. 61, ma pełną wyporność około 2000 t; nośność projektowa - około 250 t, stan morza 6 do zastosowania w samolotach.
Pełna prędkość - 30 węzłów, moc silnika głównego - 2 x 15 MWt.
Zakres 2.000 nm dla prędkości ekonomicznej około 15 węzłów,
Czas żeglugi autonomicznej - 30 dni.

Rys. 61. Proponowany przewoźnik bezzałogowych samolotów.

Przy okazji, szeroki monitoring jest ważnym warunkiem skutecznej walki z piratami. W tym celu przewoźnik UMA musi przewozić dodatkowe samoloty, najprostsze - niektóre śmigłowce zamiast większych samolotów UMA, Rys. 62. Uchwyt UMA może obsługiwać do ~~5~~3 śmigłowców uderzeniowych i potrzebnych hangarów składanych.

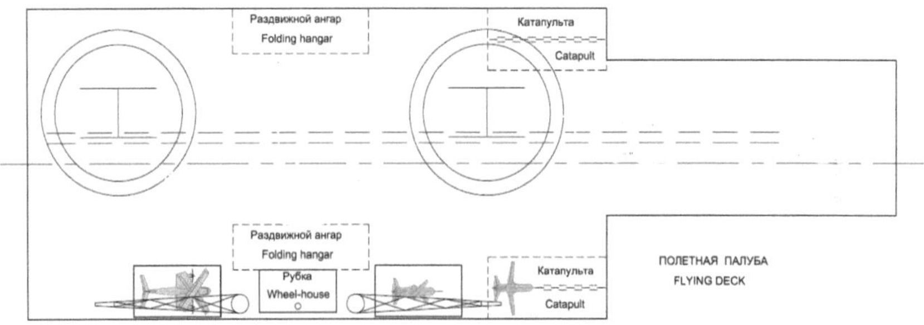

Rys. 62. Możliwość ustawienia pokładu do krótkotrwałego przewozu ~~5~~3 śmigłowców.

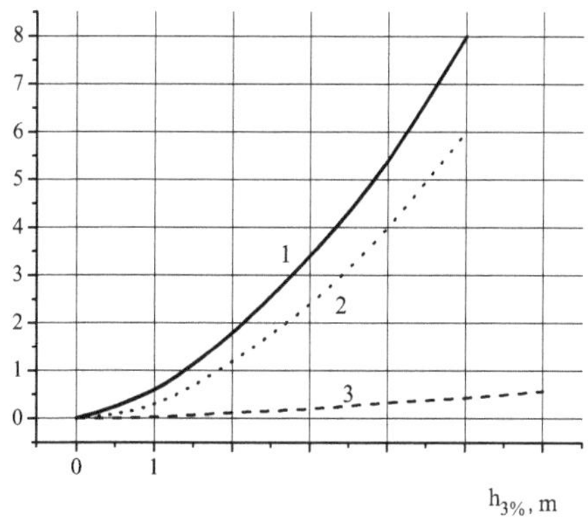

Rys.63.Charakterystyka ruchu w stosunku do wysokości fali (łagodzenie ruchu w/out)
1 - obrót w spoczynku, fale boczne, stopnie; 2 - nachylenie, fale głowy, pełna prędkość, stopnie; 3 - przyspieszenie pionowe w środku masy, fale głowy, pełna prędkość, względem przyspieszenia grawitacyjnego.

Wnioski, zalecenia.

1. Główną zaletą statków SWA jest ich wysoka zdatność do żeglugi, porównywalna z tą samą charakterystyką kadłubów jednokadłubowych o większej pojemności 5-15 razy większej.
2. Istniejące dane pozwalają na wczesną fazę projektowania dowolnych statków SWA bez konieczności przeprowadzania dodatkowych testów modeli.

Szersze zastosowanie statków SWA jest zalecane dla rozwoju wszelkich celów, w których wystarczająco ważny jest wysoki poziom przesiąkania. W celu przewidywania skuteczności zaleca się stosowanie proponowanej metody szacowania wycieków za pomocą jednej liczby.

Referencje.

1. Dubrovsky, V., Lyakhivitsky, A., "Multi Hull Ships", 2001, *ISBN 0-9644311-2-2, Backbone Publishing Co., Fair Lawn, USA, 495 str.*
2. Dubrovsky, V., "Ships With Outriggers", 2004, *ISBN 0-9742019-0-1, Backbone Publishing Co., Fair Lawn, USA, 88 str.*
3. Dubrovsky, V., Matveev, K., Sutulo S., "Small Water-plane Area Ships", 2007, *Backbone Publishing Co., ISBN-13978-09742019-3-1, Hoboken, USA,256 s.*
4. "Statki wielokadłubowe", kolekcja papieru, ed. Dubrovsky V., Wydawnictwo "Budownictwo okrętowe", Leningrad, ZSRR, 1978, str. 297, w języku rosyjskim.
5. Allen, R.G., Holcomb, R.S., The Application of Small SWATH Ships to Coastal and Offshore Patrol Missions, *Sympozjum on small fast warships and security vessels, RINA, 1982,Pap. Nr 4, str. 1-43. Londyn, Wielka Brytania*
6. Anon., "Strong European element in US Navy LCS Proposals", *Warship Technology* , 2003, *Jan., pp.11,12.*

7. Kholodilin, A., Lisagor O., "An apparatus for heave decreasing of floating structures", Certificate of Innovation, USSR, # 1108041, 28.07.1982.

8. Anon., "Design contract for survey craft", *Ship & Boat International, 2005, styczeń, str. 4.*

9. Anon., "Sea Flyer trials gives X Craft technology a lift", Warship Technology, 2005, styczeń, str. 22,23.

10. Kennell, C.C. "SWATH ship design trends", *RINA Int. Wyznaje na statkach SWATH i zaawansowanych statkach wielokadłubowych, 1985 r.*

11. Dubrovsky, V.A., "Kompleksowe porównanie seksowania: Method and Example, *Marine Technology and SNAME News, vol. 37, # 4,2000, October, pp.223 - 229,*

Printed by Books on Demand GmbH, Norderstedt / Germany